정원의 기억

정원의 기억

THE MEMORY OF THE GARDENS

가든디자이너 오경아가 들려주는

정원인문기행

궁리
KungRee

정원에 남겨진 수많은 기억들을 찾아서

정원 공부를 시작하던 시점에 나는 그저 어떤 정원이 예쁜지, 어떻게 하면 나도 이런 정원을 디자인할 수 있을지를 보기 위해 무작정 정원들을 찾아다녔다. 그런데 시간이 흘러 그 수많은 정원들 가운데 내 머릿속에 '아, 이 정원!' 하고 느낌표로 저장된 정원들은 단순히 예쁘고 사진이 잘 나왔던 곳이 아니었다. 바로 그 안에 남겨진 사람들의 기억이 좀 더 뚜렷하고 분명하게 남아 있는 곳들이었다. 이런 곳은 한 번이 아니라 여러 번 방문을 했고, 그때마다 신기하게도 그전에는 보지 못했던 다른 기억을 만나기도 했다.

나는 역사학자나 인문학자도 아니고 단순히 글을 좀 쓸 수 있는 작가, 가든디자이너에 불과하다. 그럼에도 불구하고 '정원인문기행'이라는 다소 부담스러운 부제목으로 이 글들을 모은 이유는 정원이라는 공간이 그 어떤 곳보다 사람들이 남겨놓은 수많은 기억을 만날 수 있는 곳이기 때문이다. 이런 곳에서는 자연스럽게 이 지구의 시간과 함께 흘러간 사람들의 기억을 만나게 된다. 이 책의 제목이 '정원의 기억'이 된 이유도 이 때문이다.

이 책에 소개한 서른 개의 정원은 모두 내가 직접 한 번 이상 찾아간 곳이다. 더 좋은 곳도 많지만 내가 가보지 못한 장소는 넣지 않았다. 자료 조사에 의존해서 쓰기보다는 그 순간, 그곳에서 느꼈던 나의 사적인 기억들을 좀 더 생생하게 전달하고 싶었다. 그래서 글의 흐름도 대부분은 처음 그곳에 도착하여 걷는 동선을 따라가며 진행하는 방식을 택했고, 관련된 문헌의 인용도 최소화하려고 노력했다. 구어체로 이야기를 풀어나간 이유 역시 마치 옆에서 함께 걸으며 이야기를 들려주듯 그렇게 진행하고 싶었기 때문이었다. 모든 분들을 다 모시고 서른 개의 정원을 방문할 수는 없지만, 이 책을 읽는 동안 누군가의 친절한 설명을 듣는 기분으로 함께하시기를 바란다.

나는 요즘도 여건만 허락되면 전 세계 곳곳의 정원과 유적을 찾아다닌다. 누군가에게는 여행이 사치스러운 취미로 여겨질 수도 있겠지만, 적어도 내게는 직업적으로 공부를 해야 하는 장소이고,

더불어 내 삶의 기준을 이런 견학과 여행을 통해 다시 되새기기도 한다. 문화를 이해하는 일은 그곳의 장소성을 이해하고, 그 살아감을 이해하는 일로 시작되기 때문이다.

한 가지 양해를 구할 점은 이 책은 완벽한 전문성을 갖춘 인문학자의 견해가 아니라, 정원을 공부하고 지극히 사랑하는 가든디자이너 오경아의 특별한 관점에서 바라본 '정원기행'이라는 점이다. 그 관점에서 읽어주신다면 훗날 이 서른 개의 정원을 다시 찾아갔을 때 조금은 다른 시선으로 그 장소를 다시 바라볼 수 있지 않을까 싶다.

차례

MEDITATION

PASSION

PLANTS

URBAN GREEN

ARTS

구엘 파크, 바르셀로나, 스페인

마조렐 정원, 마라케시, 모로코

시싱허스트 캐슬 정원, 켄트, 영국

지베르니 정원, 지베르니, 프랑스

"정원도시를 꿈꾼 구엘의 이상향, 구엘 파크!
미완성의 타운하우스 안에 구엘과 가우디의 꿈이
아직도 생생하게 남아 오늘날 우리 주거 문화를
다시 생각하게 하는 곳."

천재 예술가 가우디와 그 후원자 구엘이 꿈꾼 정원도시의 기억

· 바르셀로나, 구엘 파크 ·

예술가들이 사랑한 도시 바르셀로나

지금의 바르셀로나는 구엘과 가우디를 빼고는 설명하기가 힘들 정도로 도시 곳곳에 그들의 흔적이 가득합니다. 그렇다면 '바르셀로나'와 '구엘', 그리고 '가우디'는 어떤 인연으로 시작되었을까요?

1900년대의 바르셀로나는 지금과 같은 모습이 아니었습니다. 상업, 정치, 행정의 도시였던 마드리드나 찬란한 중세도시 코르도바, 세비야, 그라나다에 비해 바르셀로나는 이제 막 성장을 시작하는 신흥도시에 불과했죠. 그런데 이런 작은 도시의 모습이 바뀌기 시작한 것은 1900년대부터였어요. 요즘으로 치면 일종의 신도시 개발이 바르셀로나에 불기 시작했던 것입니다. 그리고 여기에 가장 큰 영향력을 준 사람 중 하나가, 바로 구엘의 장인인 안토니오 로페즈Antonio Lopez, 1817~1883였어요.

안토니오 로페즈는 쿠바와 스페인을 오가는 무역상으로 막대한 부를 축적한 뒤 바르셀로나에 정착했습니다. 당시 유럽은 '네오고딕' 양식이 유행이었는데, 그는 이 최신 유행의 건물을 연달아 지으면서, 바르셀로나의 거리 풍경을 바꿔놓기 시작하죠. 로페즈의 사위 구엘은 장인의 부를 승계해서 더욱 많은 건물을 짓는데요. 여기서 구엘은 장인과는 다른 아주 중요한 개념을 더 추가하죠. 바로 '카탈루냐의 정체성'이었어요.

카탈루냐는 베두인이 일으킨 이슬람 문화와 로마가톨릭이 결합된 일종의 융합문화로, 전통 가톨릭의 스페인과는 차이가 있습니다. 사실 스페인은 나라 전체로 보면, 여러 민족과 종교가 복잡하게 얽힌 곳인데요. 지금도 그렇지만, 당시에도 경제·문화적으로, 상당히 우위를 점하고 있던 카탈루냐인들은 자신들의 고유문화에 자부심이 강했습니다. 그래서 카탈루냐 문화를 부흥하려는 움직임도 많았는데, 당시 1900년대 바로 신흥도시 바르셀로나에서 이 카탈루냐 문화가 꽃을 피운 셈이죠.

그래서 문화사적으로는 이 시기 바르셀로나에 일어난 이 문화를 흔히 '카탈루냐 모더니즘Catalan Modernism'이라고도 부릅니다. 물론 이 카탈루냐 모더니즘을 추구한 예술가가 구엘과 가우디만 있었던 것은 아니였어요. 조각, 공예, 미술 등 여러 분야의 수많은 예술가들이 있었습니다. 그럼 이들이 택한 곳이 왜 하필 바르셀로나였을까요?

다른 역사 깊은 도시는 이미 기존 귀족 세력이 강했기 때문에, 구엘의 장인처럼 새롭게 부를 축적한 신흥 부자들에겐 신도시 바르셀로나가 오래된 도시보다 세력을 확장하기에 좋은 장소였습니다. 여기에 가난한 예술가들이 후원자를 찾아 바르셀로나를 찾아왔고요.

정원도시를 꿈꾼 구엘

이런 역사적 상황을 들여다보게 되면, 당시 에우세비 구엘Eusebi Guell, 1846-1918과 안토니 가우디Antoni Gaudi, 1852-1926의 만남은 거의 운명적이었다고 볼 수도 있습니다. 그리고 이들은 단순한 '후원자'와 '예술가'의 관계를 뛰어넘어 진정한 영혼의 친구soul mate가 되어갑니다. 이 친분은 '우리 함께 살자'로까지 발전하고, 실제로 두 가족은 함께 지내기도 했죠. 어쨌든 구엘 공원의 탄생도 바로 여기에서 시작됩니다.

구엘은 당시 영국에서 불고 있던 '정원도시Garden city' 개념을 아주 좋아했죠. 이 정원도시는 지금도 많은 도시 계획자들이 교과서처럼 생각하는 개념인데요. 도시 전체를 '정원'으로 보고 설계하는 개념입니다. 우선적으로 찻길을 외곽에 배치하고, 주거지를 초록의 그린벨트와 함께 구성하고, 관공서와 쇼핑 등 편의시설을 중심에 두되 걸어서 갈 수 있게 하는 개념을 도입해 정말 쾌적한 주거환경을 만들어내는 도시 개발 혹은 주거지 개발 이론입니다.

이 당시 영국에서 시범 사례로 만들어진 정원도시가 지금도 남아 있는데요. 구엘은 바로 영국에서 만들어낸 이런 이상적인 정원도시를 바르셀로나에 만들고 싶었던 것이죠. 그래서 부지를 구입하고 디자인에 들어갔고, 그 이름을 '구엘 공원'이라고 합니다. 원래 스페인 단어로 공원은 'parc'로, 영어의 'park'와 표기가 다른데요. 이 구엘 공원의 애초 이름이 영어식 표기, 파크를 썼던 이유도 영국의 영향을 받은 가든시티를 꿈꿨기 때문이었죠.

구엘과 가우디가 꿈꾼 주거단지 초안에는, 원래 총 60호 정도의 집이 들어설 예정이었습니다. 나머지는 공동사용 정원구간이었는데, 지금 우리가 관람할 수 있는 공간이 바로 이 부분입니다. 그리고 당시 구엘과 가우디는 여기에 집 두 채를 일종의 모델하우스로 짓게 됩니다.

이 중 한 곳에서 가우디는 교통사고로 죽는 순간까지 말년을 보냈지요. 하지만, 결론적으로 이 '구엘 파크 주거단지 개발'은 흔히 하는 말로 '폭망'하게 됩니다. 집이 거의 분양이 되지 않았기 때문에 시범으로 지은 두 곳을 제외하고 추가적인 확장도 일어날 수 없었죠. 어쨌든 1914년, 구엘 공원은 분양에 실패한 후, 구엘은 경제적 압박 속에 1918년 세상을 떠났습니다. 그렇다면 지금 봐도 너무나 아름다운 이 주거단지는 왜 실패를 했을까요? 실패의 원인에 대해선 여러 가지로 추측이 있는데요. 그중 하나는 당시 바르셀로나가 이제 막 발전하는 단계였기 때문에 엄청난 분양가의 이런 고급 주거지를 살 수 있는 사람들이 별로 없었다는 것이죠. 결국 건물을 포함한 이곳의 전체 부지는 구엘의 손을 떠나 다른 사람에게 팔리면서 주인이 여러 번 교체됩니다. 그러다 1926년, 새로운 주인이 이곳을 개인 사유지에서 '관광 공원'으로 대중에게 공개하기로 결정을 하죠.

가우디, 세상에 없던 예술 세계를 열다

자, 그럼 이제 이곳이 공원이라는 생각을 지우고, 복합 주택타운이라는 개념으로 다시 한번 바라보면 뭔가 그 느낌이 상당히 다를 듯합니다. 우선 모든 주거지에는 대문이 있을 텐데요. 가우디는 그답게 역시나 독특한 대문 건물을 디자인합니다. 마치 헨젤과 그레텔 이야기에 등장하는 '과자의 집' 현실판처럼 건물이 매우 독창적이었는데요. 그건 바로 이 대문을 통과하면서, 우리가 꿈꾸는 '이상향'으로 들어선다는 개념이라고 할 수 있죠.

그리고 구불거리고 때론 흘러내릴 것도 같은 착시 현상을 느끼게 하는 이 대문 건물을 지나면, 바로 위로 연속해서 올라가는 계단이 보입니다. 상당히 가파른 이 지형에 가우디는 계단을 설치합니다. 이 계단 가운데에는 세 개의 분수를 만들죠. 이 세 개의 분수에는 모양은 비슷해 보이지만, 그 안에 다른 조각물이 있습니다.

가장 아래 분수에는 건축을 상징하는 '원'과 '나침판'이 있고, 중간 분수에는 카탈루냐를 상징하는 '방패' 그리고 맨 위에 '도마뱀' 조각이 있습니다. 이 모든 조각들과 벤치까지도 일종의 타일 장식이 되어 있는데, 이것이 바로 가우디가 독창적으로 개발한 '트렌카디스 기법Trencadis Technique'이죠. 타일 세라믹을 깬 뒤, 무작위로 붙이는 방식인데 지금도 많은 예술가들이 이 방식으로 예술품을 만들고 있고요.

이제, 계단을 다 오르고 나면 드디어 구엘 공원의 상징 건물인, 기둥이 가득한 방이 등장합니다. '살라 이포스틸라Sala Hipóstila: 기둥의 방' 혹은 '살라 마켓'이라고 불리는데 가우디의 원래 구상은 '시장'이었죠. 이 방에 가득 찬, 기둥의 개수는 정확하게는 86개인데요. 이 기둥 위에 거대한 플라자, 곧 광장이 있어서 이 기둥들은 일종의 인공지반 구조물 역할도 합니다.

하지만, 이 기둥 가운데 천장 끝까지 연결된 것은 몇 개 없어서, 결론적으로 지붕을 받치기 위해 86개의 기둥을 쓴 것은 아닙니다. 장식적인 효과였던 거죠. 다시 이 기둥의 모습을 가만히 들여다보면, 모두 식물의 형상이라는 것, 그래서 86개의 기둥으로 나무를 표현한, 인공적으로 만든 '숲'이란 걸 알게 되죠. 특히 이 마켓 건물은 이집트 룩소르, 카르나크 신전의 '기둥의 방'을 연상시키기도 해서 가우디가 이 신전에서 모티브를 가져왔을 것이라는 추측을 하는 연구자도 있습니다.

상상력이 판타지를 만들어내다

이제 이 살라 이포스틸라 위로 올라가보면요. 거대한 플라자가 나오는데 그 면적에 감탄도 나오지만, 그보다 바르셀로나 전체 시가지가 다 보이는 풍경에 더욱 놀라게 됩니다. 이게 가능한 것은 가우디가 지형을 살린 디자인을 했기 때문인데요. 언덕을 깎거나 낮추지 않고 그대로 유지하면서 기둥을 만들어 오히려 높였기 때문에 그 지붕에 서면 시가지 전체가 완벽하게 보였던 것이죠.

바로 여기서 아래를 내려다보면 구엘 공원의 전체가 한눈에 들어오는데요. 나무들 사이사이로 구불거리며 나 있는 오솔길과 그 사이 빈자리 터가 있어서, 만약 60채의 주택지가 모두 팔리고, 이곳을 가우디가 한 채 한 채 모두 디자인했다면 정말 상상 속의 동화마을이 완성됐을 것이라는 걸 충분히 짐작할 수 있습니다.

가우디의 예술세계를 흔히 예술사에서는 '수이 제네리스 스타일Sui-Generis style'이라고 합니다. 사전적으로 '독특함'이라고 해석하지만,

원래의 의미는 '스스로 스타일을 만들다'라는 의미로 이런 원초적인 독창성을 지녔다는 뜻입니다.

원래 가우디는 거의 모든 건축물의 설계도면을 그리진 않았다고 합니다. 대신 10분의 1로 축소된 현실판 모형을 만들고, 그 모형을 현실에서 그대로 확대 시공한 셈인데요. 요즘으로 말하면 3D 모델링 작업을 한 것이라고 볼 수도 있죠.

"자연 속에는 직선과 예리한 모서리를 찾아볼 수 없다.
그렇다면 건축물도 직선과 예리한 모서리를 그려넣어선 안 된다."

가우디의 디자인 철학을 그대로 보여주는 말인데요. 그래서 가우디의 건축은 자연으로부터 모든 모티브를 가져왔다고 해도 과언이 아니죠.

가우디는 평생의 동료이자, 친구, 후원자였던 구엘이 1918년 세상을 떠나고, 그로부터 8년 후인 1926년에 한창 진행 중이던 '사그라다 파밀리아 성당Sagarada Familia'을 감독하던 중, 전차에 치여 안타깝게도 세상을 떠났습니다. 하지만 구엘과 가우디의 꿈이 정말 실패했을까요?

지금도 구엘 공원을 걷다보면 이미 구엘과 가우디는 사라졌지만 그들이 남겨놓은 꿈을 만나게 됩니다. 그곳의 정원이, 땅이 그 기억을 고스란히 안고 있으니까요. 그래서 그곳에 서면 그들의 못

이룬 꿈이 실패가 아니라 여전히 후배들을 꿈꾸게 하고, 우리의 미래를 다시 그리게 하는 상상의 공간이라는 걸 알게도 됩니다.

"프랑스 미술가와 마라케시 블루의 만남,
패션디자이너 이브 생 로랑의 복원 작업으로 다시 살아나다.
진정한 색과 예술의 정원을 만날 수 있는 곳."

시간을 뛰어넘은 두 예술가의 만남, 마조렐과 이브 생 로랑의 기억

· 마라케시, 마조렐 정원 ·

화가 자크 마조렐과 패션디자이너 이브 생 로랑의 정원

"이곳은 가장 아름다운 나의 작품이다."

프랑스 국적의 화가이지만 북아프리카 모로코의 마라케시를 누구보다 사랑했고, 그래서 그곳에서 생애 가장 행복한 시간을 보낸 자크 마조렐Jacque Majorelle, 1886~1962이 자신이 직접 만든 정원을 두고 한 말입니다. 정원 자체를 자신의 가장 자랑할 만한 작품으로 본 셈이죠.

마조렐은 미술계에서는 흔히 '모더니스트', '오리엔탈 페인팅 작가'로 불리기도 하죠. 모더니즘의 경향을 띠고 있고, 이슬람 혹은 북아프리카 민족의 토속성을 그린 서양화가 그룹에 속해 있기 때문인데요. 이렇게 촉망받는 화가였던 마조렐이 자신이 태어나고 자라온 프랑스를 떠나, 아프리카의 모로코 마라케시에 정착을 하고, 여기에 이토록 아름다운 정원을 만든 이유는 뭘까요?

마조렐 정원의 이야기는 이 정원을 만든 마조렐의 안타까운 생애 마지막 순간부터 시작해볼까 합니다. 1947년, 마조렐은 40여년 동안, 자신의 전 재산과 시간을 투자해 만든 이 정원의 개방을 결심하죠. 그 이유는 재정적으로 힘들어진 정원의 관리비를 충당하기 위해서였는데요. '경제적 어려움 해소'라는 그의 실질적인 이유와는 상관없이 대중들의 관심은 뜨거웠고, 많은 사랑을 받았습니다. 화가가 만든 정원은 찬란한 색과 마라케시 자생식물들이 어우러진, 말 그대로 세상 어디에서도 보기 힘든 독창성이 가득했고, 무엇보다 그가 말했듯이 너무나 아름다운 작품 그 자체가 아닐 수 없었으니까요.

그러나 1956년 마조렐은 이 아름다운 정원과 집을 팔고 치료를 위해 파리로 떠납니다. 지병으로 앓고 있던 심장병이 도지면서, 장기적인 치료가 필요했기 때문이었죠. 게다가 그는 이즈음 이 정원을 함께 일군 동지인 아내와도 이혼을 하면서 정신적 충격도 극심했습니다. 지인들이 기억하는 그는 파리에 도착한 후, 늘 마라케시와 그곳의 정원을 그리워했다고 해요. 그러던 중, 그는 1962년 파리에서 도로를 건너다 치명적인 교통사고를 당한 뒤, 결국 세상을 떠납니다.

그의 이 쓸쓸한 죽음과 함께 찬란했던 마라케시의 마조렐 정원도 점점 빛을 잃어가는 듯했죠. 하지만 생전 너무나 사랑했고, 죽는 날까지 그리워했던 그의 마음 때문이었을까요? 이 정원은 1980년 뜻밖의 전환을 맞습니다. 당시 세계 패션디자인계를 움직이는 거물 중 한 명이었던 이브 생 로랑Yves Saint Laurant, 1936~2008이 이곳의 건물과 정원을 구입하면서 복원을 시작한 것이죠. 그래서 원래 이 정원은 화가 마조렐의 정원으로 시작했지만, 지금은 '이브 생 로랑의 정원'으로도 불리는, 시대를 건너뛴 두 예술가의 정원이라고 할 수 있습니다.

마라케시의 토속성을 해석하다

자, 그럼 두 예술가의 정원으로 좀 더 깊숙이 들어가볼게요.

마조렐 정원은 입구부터 인상적입니다. 마라케시는 흙 자체가 붉은색을 띠고 있어서, 이 흙으로 만든 벽돌 또한 붉은색이죠. 그래서 이 11세기에 형성된 중세도시, 마라케시 자체를 '레드 시티', '붉은 도시'라고도 부릅니다. 마조렐 정원의 입구는 사방이 바로 이 붉은 벽돌로 둘러처져 있고 바닥 자체도 붉은 색으로 가득하죠. 그리고 그 중앙에 놓인 반듯한 사각형 분수에는 얕은 물이 담겨져 있는데, 그 재료가 파란색 타일입니다. 그 주변으로는 코발트블루, 민트, 오렌지 컬러 화분이 놓여 있고요.

어떠신가요? 듣기만 해도 그 색이 충분히 상상이 되지 않나요? 정말 '이보다 색감이 강렬할 수 없다'고 할 정도로 색 자체가 지닌 감도와 대비가 정말 명확한데요. 이런 색의 조합은 입구로부터 정원 전체로 이어집니다. 그리고 이 정원의 가장 선명한 디자인의 축은 바로 정원 전체를 좁고 길게 관통하는 수로인데요. 이 수로 역시도 코발트블루 색으로 강렬하게 페인팅되어 있고, 여기에 매우 밝은 노란색, 민트, 오렌지색이 혼합돼 있습니다.

한마디로 마조렐 정원은 건물, 바닥, 화분, 전체 부지가 뚜렷한 색의 조합으로 마치 고갱이나 고흐의 강렬한 화폭을 연상시킬 정도입니다. 이 색의 조합은 화가인 마조렐이 직접 정해 페인팅을 했는데요. 강렬한 코발트블루의 색상은 마라케시의 전통 타일의 블루에서 선택하고, 그와 대비되는 빨간색은 마라케시의 도시 색상인 붉은 흙색을 상징적으로 표현한 것이기 때문에, 마라케시의 토속성이 마조렐에 의해 새롭게 해석된 것이라고 볼 수 있습니다. 그렇다면 자크 마조렐의 이 독창적인 정원 예술은 어떻게 탄생한 걸까요? 그걸 이해하기 위해서는 그의 특별한 가족과 유년시절을 이해하면 좋을 것 같아요.

아르누보의 아들, 마조렐

마조렐은 프랑스 파리에서 동쪽으로 기차를 타고, 약 4시간가량 떨어진 룩셈부르크와 가까운 낭시Nancy라는 도시에서 태어났습니다. 낭시는 어쩌면 우리에게는 생소한 곳일 수도 있는데요. 사실 이곳은 예술사적으로 19세기에서 20세기에 등장한 아르누보의 본고장으로 굉장히 유명합니다. 아르누보 운동은 아르데코로 이어져, 현대 모더니즘에도 영향을 주었고요. 식물과 같은 자연을 화려한 문양으로 표현해 가구, 건축, 인테리어 등에 폭넓게 반영한 예술사조입니다.

마조렐은 이 아르누보 운동의 핵심 운동가이자 사업가였던 루이 마조렐Louis Majorelle, 1859~1926의 아들입니다. 사실 자크 마조렐이 어린 시절을 보낸 '빌라 마조렐'은 아직도 아르누보 건축의 백미로 손꼽히는 곳인데요. 부모로부터 받은 유전적 영향, 시대적 환경, 살아온 주거지의 특별함까지, 예술의 중심에서 자란 마조렐은 이미 어린 시절부터 예술적 재능이 뛰어날 수밖에 없었죠. 아버지는 아들이 이런 재능을 살려 건축가로 성장하길 바랐지만, 그는 순수 예술인 화가의 길을 선택합니다.

마조렐은 내성적인 성격이었지만 여행을 좋아해서, 젊은 시절을 거의 전 세계를 여행하며 보내는데요. 특히 지중해를 끼고 있는 나라인 이탈리아, 스페인, 이집트를 좋아했는데 그중에서도 아예 정착하여 살기로 결심한 곳이 바로 모로코의 마라케시였습니다.

그가 지금의 마조렐 정원 부지를 구입한 건 1923년, 그의 나이 서른일곱일 때였죠. 그는 우선 건축가 폴 시누아르Paul Sinoir에게 의뢰해, 마라케시 고유 전통 주거 양식을 현대적으로 해석한 큐빅 타입의 주거지를 만듭니다. 그리고 여기에 마라케시 자생의 식물들을 활용해 정원을 만드는데요. 사막형 기후인 모로코의 자연환경에서 자생이 가능한 야자나무, 대나무, 다육식물, 부겐벨리아, 재스민, 수련, 알로에나무, 수양버드나무 등 무려 300여 종이 넘는 식물을 심습니다.

가든디자이너, 벤챠베네의 재해석

그러나 이때만 해도 마조렐 정원의 상징인 화려한 색이 나타나지는 않았습니다. 모든 건축물과 정원이 완성된 후인 1937년부터 마조렐은 직접 특유의 색을 입히기 시작하죠. 바로 이때부터 화폭 대신 정원이라는 거대한 규모의 작품을 만들었다고 볼 수 있습니다. 특히 그가 중점 색으로 사용한 코발트블루를, 이제는 '마조렐 블루'라고 하는데, 이건 마라케시 자체를 상징적으로 표현한 것입니다.

그런데 우리가 마조렐 정원에서 잊지 말아야 할 인물이 한 명

더 있는데요. 바로 패션디자이너 이브 생 로랑과 함께 마조렐의 정원을 복원시키고, 여기에 좀 더 마라케시의 자생력을 강조한 식물 구성을 접목시킨 가든디자이너 벤챠베네Abderrazzak Benchaabane입니다. 그는 현재 마라케시에서 활동 중인 가장 유명한 가든디자이너이면서 향수를 개발하는 조향사이고, 예술감독이기도 합니다. 마조렐 정원의 복원을 맡게 된 그는 기록을 뒤져, 마치 유적을 발굴하듯, 세심하고 섬세하게 마조렐을 재생시키죠. 그리고 사라진 식물군을 회복시키는 과정에서 좀 더 과감하게 300여 종의 식물을 추가로 도입해, 마조렐 시대보다 더욱 풍성한 식물의 정원을 만들어냅니다.

이브 생 로랑은 벤챠베네에 대한 신뢰가 아주 깊었습니다. 그는 정원 조성 외에도 '마조렐 정원'이라는 이름의 향수를 개발해달라고 부탁했는데요. 이렇게 만들어진 향수, '마조렐 정원'이 이브 생 로랑에 의해 시판이 되기도 했습니다.

이브 생 로랑에 대해서도 한 번 더 언급을 해야 할 것 같은데요. 그가 이 마라케시와 마조렐 정원을 좋아했던 이유는 단지 휴양지로서 이곳을 선호했기 때문만은 아니었어요. 그의 국적은 프랑스지만, 태생은 모로코와 인접해 있는 나라, 프랑스령 시대의 알제리였습니다. 그는 자신이 태어나고, 어린 시절을 보낸 알제리와 북아프리카 민족인 베르베르인의 문화와 예술에 대한 사랑이 아주 깊었고, 그걸 마조렐 정원을 통해 재탄생시키는 일에 자신의 재력을 아끼지 않았습니다.

이브 생 로랑, 정원에 잠들다

"앙리 마티스의 색채와 자연과 융합된
이 오아시스가 늘 우리를 유혹합니다."

이브 생 로랑은 시간이 날 때마다 이곳 마조렐 정원에 머물며 평소 이런 말을 자주 했다고 해요. 하지만 안타깝게도 2008년 이브 생 로랑은 뇌종양 진단을 받고 투병 중 세상을 떠났는데요. 그가 묻힌 장소가 바로 이 마조렐 정원이기도 합니다. 지금도 정원을 걷다 보면, 정원의 한구석에 그를 추모하는 기념 비석이 소박한 모습으로 놓여 있는 걸 발견할 수 있습니다.

이브 생 로랑의 파트너이면서 사업적 동지인 피에르 베르제 Pierre Berge는 이브 생 로랑의 장례식에서 이런 아름답고 슬픈 헌사를 남겼어요.

"내가 당신에게 얼마나 많은 걸 받았는지,
결코 잊지 못할 겁니다.
그리고 곧 멀지 않은 어느 날,
모로코 야자나무 아래서 당신과 다시 만날 겁니다."

무어정원 기행

무어인Moors은 지중해의 아래 지방, 북아프리카, 스페인 남부, 중동 북부 지역에 살았던 민족을 말한다. 대부분이 종교적으로 이슬람을 따르지만, 고유의 전통문화가 결합되어 독특한 자생문화를 지니고 있다. 이들이 만든 정원을 흔히 '모리시 가든'이라고 하는데, 대표적으로는 스페인 안달루시아 지방의 알람브라 정원(그라나다), 알카사르 정원(코르도바), 그리고 모로코 마라케시의 정원을 꼽는다.

추천 경로

스페인 안달루시아 지역을 살피면서 그라나다, 코르도바, 세비야를 4박 5일 정도 돌고, 비행기나 페리를 타고 모로코로 들어가 마라케시의 마조렐 정원과 뮤지엄을 2박 3일 정도 돌아보면, 무어문화와 정원을 충분히 즐길 수 있다.

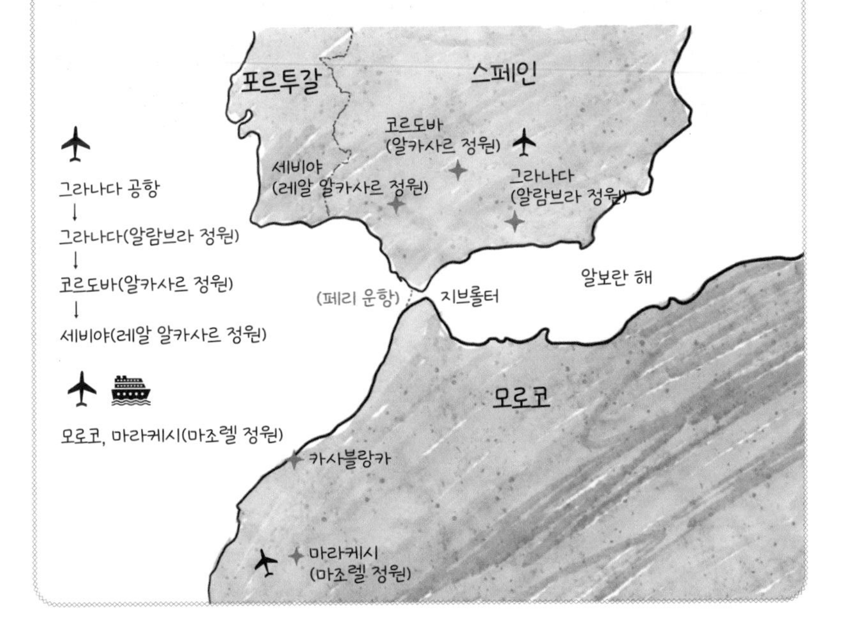

"시인, 비타 색빌-웨스트의 꿈이 담긴 색과 질감의 정원.
정원에서 느껴지는 시적 언어를 식물을 통해 만날 수 있는 곳!"

비타 색빌-웨스트와 아트 앤 크래프트의 기억

· 켄트, 시싱허스트 캐슬 정원 ·

시인, 비타 색빌-웨스트의 정원

"비록 눈치 채지 못한다 해도,

정원사이자, 시인인 당신은

땅에 언어와 같은 당신만의 씨앗을 심고,

그 씨앗들이 풍요로운 색으로 피어나게 할 겁니다."

20세기 영국 사회에서 가장 핫이슈였던 인물을 꼽으라고 한다면, 그중엔 분명 시인 비타 색빌-웨스트Vita Sackvill-West, 1892-1928가 포함

될 듯합니다. 그녀는 왕족을 제외하고 가장 영향력이 컸던 가문 중 하나인 색빌-웨스트 가문 태생이죠. 영국에서 다섯 번째로 큰 거주지이기도 한 색빌 가문의 종가, 놀하우스Knol House가 바로 비타가 태어나고 어린 시절을 보낸 곳입니다. 하지만 아버지 라이오넬 색빌-웨스트 남작Lionel Sackvill-West이 1928년 세상을 떠난 후, 유일한 상속자였던 비타는 당연히 받아야 할 놀하우스를 포함한 모든 유산을 당시 영국 사회가 정한 상속법에 따라 남자 후계자인 삼촌에게 뺏기고 맙니다. 이때의 슬픔과 억울함은 비타 평생에 많은 영향을 미치죠.

결국 비타 색빌-웨스트는 아버지가 돌아가시고 2년 뒤인 1930년, 남편 해럴드 니컬슨Harold Nicolson과 함께 잃어버린 놀하우스와 닮은 시싱허스트 캐슬Sissinghurst Castle을 구입합니다. 중세에 지어진 상당한 규모의 건물이었지만, 당시는 허물어진 채 우뚝 솟은 타워만이 옛날의 위용을 보여주는 정도였습니다. 색빌-웨스트는 이 부지를 처음으로 봤던 기억을 이렇게 일기 속에 남겨놓았죠.

"상식적으로 오래된 고성이라면,
오래 묵은 주목나무 생울타리와
시더나무 가로수길,
깃발이 휘날리는 담장과 둔덕을 생각하겠지만,
그곳에는 아무것도 없었다.
잡초와 웃자란 잔디, 엉뚱한 곳에 자리 잡은 어두침침한 온실과

무너진 울타리, 쇠망사가 처진 버려진 닭장,

모든 곳이 그냥 불결하고 지저분했다."

하지만 훗날 이곳이 영국에서 가장 유명한 정원이 되는 과정을 지켜본 둘째 아들인 나이젤 니컬슨Nigel Nicolson, 1917-2004은 한 텔레비전 다큐멘터리 영상에서 이날을 이렇게 추억하기도 했죠.

"지금은 장미정원으로 바뀐 이곳에 맨 처음,

어머니와 함께 들어섰을 땐,

버려진 자동차와 온갖 쓰레기들이 가득했죠.

그날 비가 계속 내리고 있었는데,

갑자기 비가 그치고 햇살이 비추었어요.

그때 어머니가 말했죠.

'우린 여기서 아주 행복한 시간을 보낼 것 같구나.'"

영국식 플라워 정원의 정수

이 예언은 훗날 정말 그대로 실현이 됐습니다. 그런데 시싱허스트 캐슬 정원을 지금은 누구나 '비타의 정원'이라고 부르지만, 실은 이곳의 전설은 그녀의 남편인 니컬슨이 없이는 불가능했을 거예요.

당시 외교관으로 콘스탄티노플, 지금의 튀르키예 이스탄불의 대사를 맡기도 했던 그는 건축과 가든디자인에도 특별한 재능이 있었죠. 니컬슨은 이미 비타와 함께 처음으로 구입한 집인 '롱 반 Long Barn' 이라는 곳에서 당시 영국 최고의 건축가이자, 가든디자이너인 거트루드 지킬Gertrude Jekyll, 1843-1932의 제자 겸 사업 동지였던 에드윈 루티언스Edwin Lutyens, 1869-1944와 함께 정원을 일궈본 경험이 있었거든요.

지금도 롱 반의 디자인을 보면 시싱허스트 캐슬 정원에 많은 영향을 끼쳤다는 것을 한눈에 알 수 있습니다. 전문 디자이너는 아니었지만 니컬슨은 특유의 감각으로 매우 정형적으로 정원을 나누고, 나눈 공간마다 다시 여러 화단을 배치하는 방식으로 정원을 설계합니다. 바로 여기에 색빌-웨스트가 특유의 감성과 오랜 식물 공부와 원예 경험을 바탕으로 식물디자인을 구사하면서 지금까지도 수많은 사람들에게 영감을 주는 잉글리시 플라워 정원의 백미가 탄생하게 되죠.

정원의 방, 그린 룸 디자인의 탄생

시싱허스트라는 정원 이름은 그 지역의 이름을 그대로 따온 겁니다. 이 정원이 유명한 이유는 단순히 아름다운 꽃으로 사계절 내내 멈추지 않는 잉글리시 플라워 가든의 진수를 보여주기 때문만은 아니에요. 이곳은 아주 새로운 개념의 가든디자인이 구현된 곳이기도 합니다. 바로 하나의 정원 공간을 여러 개의 구역으로 나누는 방식인 '그린 룸'의 개념이 탄생한 장소예요.

시싱허스트 캐슬 정원은 총 열 개의 그린 룸, 즉 열 개의 작은 정원이 있는데요. 우선 주차를 한 뒤, 20미터 높이의 시싱허스트 타워 건물을 보며 정원으로 진입하면 아치 형태의 유일한 입구가 보이죠. 그리고 그 입구를 막 통과하면 담장으로 둘러싸인 사각형의 반듯한 잔디밭이 보이는데, 그 담장 밑으로 화단이 있어요. 바로 이 화단의 이름이 '퍼플 정원' 말 그대로 보라, 분홍, 자주의 꽃들만이 모아져 있어서 초보자라 할지라도 아무 식물이나 심은 것이 아니라, 색으로 식물을 모아 디자인했다는 것을 알게 됩니다.

이 퍼플 정원을 보고, 담장 중간에 쇠로 만든 대문을 열고 들어서면, 이번엔 두 번째 정원의 방, 바로 장미 정원이 나타납니다. 장미 정원 방은 사각형의 수많은 화단으로 다시 쪼개져 있는데, 다양한 종의 장미가 중점 식물이긴 하지만, 그 외에도 장미와 어울리는 수많은 초본식물들이 함께 배치돼 있어 특유의 장미 향기와 함께 화려한 초본식물을 보는 즐거움이 가득하죠.

이 장미방 끝으로, 사람 키보다 높은 주목나무가 둘러처진, 동그란 잔디 광장이 등장하는데, 이곳의 이름이 둥글다는 뜻의 '론델 Rondal 정원'이죠. 이 론델의 장미 정원 반대쪽에 또 다른 출입구가 있는데, 여길 통과하면 작은 오두막집 코티지가 있습니다. 그 앞으로 펼쳐진 정원은 전혀 다른 색감으로 오렌지와 빨강으로만 구성돼 있어 매우 강렬한 느낌이 가득하죠.

그 외에도 좁고 긴 모퉁이를 살린 라임나무가 줄지어 서 있는 '라임워Lime walk'정원은 하부 지면에 봄에 화려한 꽃을 피우는 알뿌리식물인 튤립, 수선화, 크로코스, 히야신스 등이 만발해서 봄의 정원으로도 불리고요. 아몬드 나무가 가득한 '너터리Nuttery'정원에는 그리스 신인 디오니소스의 돌 조각과 함께 그늘에 강한 초본식물들이 심어져 있어 여름 내내 흰색, 노랑색, 보라색의 꽃을 피워내죠.

그리고 이곳을 통과하면 긴 주목나무 생울타리 길 사이에 뚫린 입구를 들어서게 되고, 그 너머에 이 정원의 백미인 화이트 정원이 보입니다. 이 방은 온통 흰색의 꽃을 피우는 식물과 회색의 잎을 지닌 식물로 가득합니다.

아트 정원의 꽃을 피우다

"화이트 정원의 절정은 6월이에요.
6월에 보름달이 뜨는 밤, 이 정원은 불을 다 꺼도
흰색으로 달빛을 받아 반짝입니다."

시싱허스트 캐슬 정원을 이어받은 둘째 아들 나이젤 니컬슨의 설명입니다. 물론 관람객들이 달밤에 이곳을 관람할 수는 없지만, 흰 꽃이 가장 많이 피어나는 6월, 이 화이트 정원은 정말 흰 꽃들로 가득 차서 보는 사람들에게 탄성을 불러일으키죠.

이렇게 시싱허스트 정원의 매력은 이 각각의 방들이 매우 다른 형태와 모습으로 사계절 내내 특별한 아름다움을 지니고 있다는 건데요. 마치 인상주의 화가의 그림을 보는 듯해서, 아트 앤 크래프트 정원Art & Craft Garden이라는 표현이 생겨났을 정도죠. 그런데 사실, 20세기에 구사된 이 초본식물을 이용한 색의 정원은 원래 거트루드 지킬이라는 가든디자이너에 의해 전파된 것으로, 이후 정말 많은 정원에 영향을 미칩니다.

물론 시싱허스트 캐슬 정원의 조성에 지킬이 직접 조언을 했다는 기록은 없지만, 함께 일했던 건축가 라우천이 색빌-웨스트와 친구였던 점을 보면 간접적으로 많은 영향을 주었을 것으로 보고 있습니다.

비타에 의한, 비타의 정원

1930년 시싱허스트 캐슬을 구입한 뒤, 32년 동안 하루도 빠짐없이 이 정원에 식물을 심고 가꾸었던 시인 비타 색빌-웨스트는 1962년 이곳 시싱허스트 캐슬에서 생을 마칩니다.

"비타의 얼굴에는 어떤 고통이나,
슬픔도 보이지 않고 편안해 보였다."

색빌-웨스트의 마지막 순간을 남편 니컬슨은 자신의 일기장에 이렇게 남겼죠. 니컬슨은 색빌-웨스트가 세상을 뜬 후, 이곳을 아들에게 맡긴 채 떠났고, 이후 죽을 때까지 시싱허스트 캐슬로 돌아오지 않았습니다.

두 사람 생전에 남편 니컬슨은 색빌-웨스트에게 자신들의 사후, 이 정원을 자식들에게 물려주지 않고 내셔널트러스트라는 문화보존 단체에 기증하자고 제안합니다. 하지만 당시 색빌-웨스트는 자신의 태어나고 자란 놀하우스를 잃었던 기억이 트라우마처럼 남아서 절대 안 된다는 강한 의지를 보였죠. 그럼에도 불구하고, 색빌-웨스트가 세상을 떠난 후, 이 정원은 니컬슨과 아들인 나이젤의 결정으로 결국 내셔널트러스트에 기증되었습니다.

유적지 보존관리가 위주였던 내셔널트러스트도 살아 있는 식물이 가득한 색빌-웨스트와 해럴드의 정원을 그대로 유지할 수 있을지에 대한 걱정으로 처음엔 망설였다고 하죠. 하지만 정원사를 직접 길러내고, 노하우를 익히면서 지금은 영국 전체의 내셔널트러스트 관리지 중 가장 많은 사람들이 방문하는 곳으로 성장시켰습니다.

"정원의 성공 여부는 돈이 아니라

사랑, 취향, 그리고 지식에 달려 있다."

평소 비타 색빌-웨스트가 정원에 대해 했던 말입니다. 정원뿐만 아니라 이 세상의 모든 해답이 실은 이럴듯합니다. 지금도 비타와 해럴드의 기억을 담고 있는 이 정원에 서면, 두 사람이 아직도 그곳에 머물고 있다는 착각을 하게 됩니다. 그건 분명 사람은 떠났지만, 정원이 그곳에 머물렀던 그곳의 사람들을 기억하고 있기 때문일 겁니다.

"인상주의 화가 클로드의 그림판이 되어준 지베르니 정원.

화가가 만든 색의 대비와 조화를 만끽할 수 있는 곳."

화가 클로드 모네의 노르망디 색의 기억

· 프랑스, 지베르니 정원 ·

인상주의 화가의 탄생

1874년, 파리 미술계는 충격적인 작품들을 접하게 됩니다. 드가, 피사로, 르누아르, 시슬레를 비롯한 여러 작가들의 작품이 시선을 끌었지만, 그중 비평가와 대중들의 관심이 집중된 것은 모네Claude Monet, 1840~1926의 〈인상, 해돋이Impression, Soleil Levant〉였죠. 바다 위에 떠 있는 배와 그 위로 떠오른 해를 그린 이 그림은 흐릿한 선과 마치 착시를 일으킬 정도의 다양한 색이 혼합되어 이전까지 본 적 없는 독창적 작품이었으니까요. 이후 비평가들에 의해 붙여진, 모네를 포함한 이 그룹의 이름은 모네의 작품 제목에서 따온 '인상주의' 그리고 '인상주의파'였습니다.

사실 모네의 삶은 상당히 평온할 수도 있었어요. 부유한 사업가였던 아버지의 경제력 때문에 그의 어린 시절은 풍요로웠고, 아버지는 모네가 자신의 사업을 잘 이어가길 원했으니까요. 하지만 그는 사업보다는 그림 그리기를 좋아했고, 결국 안락한 삶을 버리고 화가로서의 삶을 시작합니다. 그림 모델이었던 여인 카미유Camile와 결혼을 하고, 큰아들인 장Jean이 태어났지만, 한동안 가난은 모네와 가족의 삶을 힘겹게 했죠. 하지만 그 시간이 그리 길지는 않았어요.

모네는 파리에서 자신의 고향인 파리 북서쪽 르아브르Le Havre를 오가는 기찻길에 작은 시골 마을 지베르니를 지나갈 때마다 "언젠가 저 마을에 집을 살 거야"라고 다짐을 하죠. 그리고 그 소원은 마침내 1883년에 이뤄집니다. 하지만 이때만 해도 임대였고, 7년 후인 1890년, 건물과 부지를 드디어 구입해요. 그런데 지베르니에서의 삶을 시작한 때는 이미 모네에게 많은 변화가 찾아온 후였습니다.

두 집안의 결합, 두 정원의 탄생

모네는 첫 작품의 구매자이기도 했던 후원자 에르네스트 오슈데Ernest Hoschede가 파산하자, 자신의 집으로 오슈데의 가족을 부르죠. 그렇게 한 집에서 두 가족이 생활하던 중, 모네의 아내 카미유가 둘째 아들을 낳고 죽고 맙니다. 그리고 에르네스트 오슈데 역시 집을 나가 1년 만에 죽으면서, 남겨진 모네와 에르네스트의 아내인 앨리스가 자연스럽게 동반자가 되는 일이 생겼죠. 결국 지베르니 정원은 모네와 앨리스가 여섯 명의 자녀를 키우며 일궈낸 삶의 현장이기도 합니다.

형태적으로 지베르니 정원은 크게 두 개로 분리되어 있습니다. 우선, 집이 있는 부지에 조성된 정원은 일명 '노르망디 꽃밭'이라 불릴 정도로 각양각색의 꽃이 가득하죠. 장미, 붓꽃, 데이지, 양귀비꽃, 한련화, 팬지 같은 꽃들이 뒤엉켜 얼핏 무질서해 보이지만, 오히려 이곳의 전체 윤곽은 매우 정형적이죠. 원래는 주목나무가 줄지어 중앙에 심어져 있었는데, 모네는 이걸 없애고 아치 길을 만든 다음 여기에 줄장미를 심었습니다. 그리고 이 중앙 아치 길 양 옆으로는 매우 반듯하고 길쭉한 화단을 조성했죠. 지도에서 보면 매우 정형적인 구성을 한눈에 볼 수 있어요.

이에 반해 길 건너에 조성된 정원은 매우 달라요. 이곳은 3년 후, 추가로 구입한 부지에 만들어진 정원인데요. 모네가 살았던 당시는 길을 건너 다녔지만, 오늘날은 도로 밑 지하도를 통해 안전하게 오갈 수 있습니다. 이 뒤쪽 정원의 이름은 '물의 정원'인데요. 처음에는 작은 연못 정도였지만, 모네는 연못이 아니라 호수처럼 큰 물 공간을 만들죠. 연못을 넓히고 그곳에 엄청난 양의 수련을 심었고, 직선의 길을 없애고 구불거리는 동선으로 처리해 길 건너 꽃 정원의 전형적인 모습과는 확연하게 다릅니다.

~~~~~~~~~~~~~~

동서양이 정원에서 융합하다

모네가 이런 물의 정원을 꿈꾼 것은 당시 프랑스 미술계에 불었던 일본 판화 영향 때문이었어요. 모네는 일본을 가본 적도 없지만, 판화 속에 등장하는 일본 세상에 매료됐죠. 판화 속에는 일본의 낯선 사람들과 풍습이 가득했고, 그중에서도 그는 일본 다리 그림을 아주 좋아했어요. 모네는 연못 위에 놓을 수 있게, 판화 속 일본 다리와 똑같은 것을 인근 지역 장인에게 의뢰합니다. 단, 판화 속의 다리는 붉은 색이었지만, 그는 초록색을 선택하죠.

식물의 구성도 일본 정원에서 모티브를 그대로 가져와, 대나무 숲을 만들고, 수양버드나무를 물가에 늘어뜨리고, 등나무를 이
~~~~~~~~~~~~~~

용해 퍼걸러pergola를 만드는 등, 일본 정원을 재현하려고 노력합니다. 하지만 가본 적도 없는 일본의 정원이 모네의 정원에 완벽하게 앉혀져 있다고 보긴 좀 어려워요. 오히려 화가 모네의 창의력에 의한 '동서양 융합의 정원'이라 보는 편이 맞을 듯합니다.

사실, 모네의 정원 조성 방식은 좀 독특했는데요. 우선 화폭에 먼저 그림을 그린 후, 그게 맘에 들면 정원에 옮기는 이중 작업을 했던 것으로 유명합니다. 그래서 모네가 그린 지베르니 정원의 그림 상당수가 정원을 만든 뒤 보고 그린 그림이 아니라, 먼저 그리고, 정원에 직접 실행한 것으로 보고 있습니다.

프랑스에 피어난 잉글리시 플라워 가든

"나는 그림 그리기와 정원 가꾸기 외에 잘하는 게 없습니다."

모네가 평소 자신에 대해 하던 말인데요. 그는 정말 정원을 가꾸는 일에 열정이 대단했던 사람입니다. 그가 아내 앨리스에게 쓴 편지는 그의 정원 사랑을 짐작하기에 충분합니다.

"날씨가 점점 추워지는구려.

정원사 유진에게 티크리아스 꽃을 덮어주라고 말해주시오.

다른 것들도 마찬가지인데, 특히 보름이 되면,

추위가 심해질 거요.

어제 비바람이 쳤는데 온실문을 꼭 닫아놓았는지 모르겠소."

모네는 웬만해선 지베르니를 떠나지 않았지만, 어쩌다 그림을 그리기 위해 집을 떠나게 되면 아내 앨리스와 정원사에게 정원 관리를 어떤 식으로 해야 하는지 꼼꼼하게 당부했습니다. 신기한 것은 프랑스 지베르니의 정원이 누가 봐도 영국의 플라워 정원과 상당히 닮아 있다는 건데요. 그건 당시 영국에서 '플라워 가든' 붐을 일으킨 정원사 윌리엄 로빈슨이나 가든디자이너 거트루드 지킬의 영향이라고 볼 수도 있지만, 그것보다는 노르망디라는 지역에서 그 이유를 찾을 수 있을 것 같습니다.

지베르니는 파리에서 북서쪽으로 80킬로미터 떨어진 곳에 있는데요. 자동차로 약 1시간 정도의 거리죠. 그리고 모네가 어린 시절을 보낸 곳은 더 북서쪽에 위치한 해안도시 르아브르이고, 또 그가 여러 번에 걸쳐 그렸던 '루앙 성당'이 있는 도시, 루앙Rouen도 여러 해 머물렀던 곳인데요. 이렇게 모네가 살았던 르아브르, 루앙, 지베르니 지역을 흔히 '노르망디' 지역이라고 합니다. 노르망디는 '북쪽 땅, 혹은 북쪽 사람들'이라는 뜻으로 바이킹 왕국 '노르망디 왕조'가 들어선 곳이죠. 그런데 이 노르망디 왕조가 12세기 영국을 침략하면서, 당시 영국의 건축 양식에 큰 영향을 끼쳤기 때문에 사실 영국과 노르망디 지역의 건축물과 정원의 형태와 디자인이 상당히 비슷한 형태를 띠게 되었죠.

~~~~~~~~~~~~~~~~~~

수상 클레망소와 모네의 우정

지베르니 정원을 언급하면서 모네의 50년 지기 친구 클레망소Georges Clemenceau, 1841-1929 이야기를 빼놓을 수 없을 것 같습니다. 사실 모네가 살았던 시기는 역사상 가장 혼란스럽고 힘들었던 때였습니다. 프랑스-프로이센 전쟁과 1차 세계대전, 이렇게 두 번의 전쟁을 겪어야 했으니까요. 평소 혼자 그림을 그리고 정원 꾸미기를 좋아했던 모네와 달리, 활달하고 폭넓은 사회생활을 하던 클레망소의 조합은 썩 잘 어울리지는 않았는데요. 두 사람은 정치, 교육, 사회 문제에 대한 견해가 아주 비슷했습니다. 클레망소는 1차 세계대전 중 프랑스 수상이었는데, 그는 어떤 장소보다 모네의 지베르니 정원을 좋아해서, 틈만 나면 그의 정원에서 모네와 함께 식물을 선정하고 심었던 거죠.

"방문하겠단 약속을 기다리고 있네.

지금이 딱일세. 황홀한 정원을 보게 될 거야.

서두르게. 지나고 나면
~~~~~~~~~~~~~~~~~~

이 꽃들이 다 시들어버릴 걸세."

모네가 클레망소에게 보낸 편지 중 하나인데요. 사실 모네는 정원에 꽃이 피는 시기가 되면 클레망소 말고도 늘 많은 지인들을 불러 파티를 열었죠. 그리고 그게 자신의 삶에서 가장 큰 즐거움이라고도 고백했고요. 하지만 지베르니를 함께 일군 아내 앨리스가 1891년 세상을 떠나면서 모네는 깊은 시름에 빠집니다. 클레망소는 이런 모네를 북돋워 1897년부터 대작 〈수련〉을 그릴 수 있도록 힘을 썼는데요. 그러나 당시 모네의 오른쪽 눈은 거의 실명에 가까웠고, 다른 눈도 거의 10퍼센트 정도의 시력만 남아 있을 때였습니다.

"수련을 완성하는 일을 포기하지 말게.
포기한다면 우리의 친구 관계도 끝일세!"

클레망소는 모네의 눈을 수술시키고, 다시 붓을 잡게 만들었지만, 안타깝게도 1926년 모네는 폐암으로 클레망소보다 먼저 세상을 떠납니다. 당시 클레망소는 모네의 사망 소식을 듣고 지베르니에 도착한 뒤, 그의 관 위에 올려둔 검은 휘장을 보고 소리쳤다고 합니다. "이건 모네의 색깔이 아니야!" 그는 모네의 '노란 방'에 들어가 노란색 커튼을 뜯어낸 뒤, 검은 휘장을 걷어내고 그걸로 관을 덮어주었습니다. 이렇게 많은 에피소드를 남긴 모네와 클레망소의 우정은 지금도 '세기의 노르망디 브로맨스'로 회자되고 있습니다.

~~~~~~~~~~~~

화려함이 지나간 후에……

모네가 죽고 난 후, 안타깝게도 지베르니 정원은 그 색을 잃어갑니다. 둘째 아들인 미셸에게 상속됐지만, 그는 지베르니를 떠나 돌아오지도 않았죠. 그 자리를 아내 앨리스의 딸이면서 모네의 큰아들 장과 결혼한 화가 블랑쉬 모네Blanche Monet가 지베르니를 지켰지만, 재정 문제로 점점 힘겨워졌습니다. 결국, 미셸 모네는 1966년 모네의 정원을 '아카데미 보 데자르Academie des Beaux Arts'에 기증하죠. 그리고 10년에 걸친 복구 끝에 1980년부터 지베르니 정원이라는 이름으로 대중에게 공개하기 시작했고요.

모네는 단지 정원을 잘 가꾸었던 정원사 정도가 아니었습니다. 그는 디자이너였고, 더불어 식물 품종 재배사이기도 했죠. 그가 재배한 붓꽃과 팬지가 무려 70여 종이 넘는데요. 식물 품종 이름 중에 '지베르니'라는 이름을 보게 된다면, 모네가 만든 그의 자식과 같은 식물이었다는 것을 한 번쯤 기억해도 좋을 듯합니다.
~~~~~~~~~~~~

AUTHENTIC

러우샴 정원, 옥스퍼드셔, 영국

바빌론스토렌, 케이프타운, 남아프리카

삼가헌 주택정원, 경상북도, 대한민국

카렌 블릭센 미술관, 나이로비, 케냐

"그림과 같은 낭만주의 정원, 영국 풍경 정원 창시자,
윌리엄 켄트의 디자인 원형이 가장 잘 보존되고 있는 곳.
천 개의 초록으로 가득한 서사의 정원."

영국식 풍경 정원 아버지, 윌리엄 켄트의 기억

· 옥스퍼드셔, 러우샴 정원 ·

프랑스식 정원으로부터 탈출하다

"영국을 대표하는 두 가지를 들라면,
셰익스피어와 영국식 풍경 정원이다."

지금도 활동 중인 영국의 유명 원예인이자 방송인 몬티 돈Monty Don, 1955-의 말입니다. 셰익스피어가 문학으로 영국을 대표한다면, 그와 버금갈 정도로 큰 축을 담당한 부분이 바로 '영국식 풍경 정원'이라는 뜻이겠죠. 이 말에 대해 셰익스피어는 그렇다고 치지만, 영국식 풍경 정원은 고개를 갸웃할 수도 있을 것 같아요. 그렇다면 우리에겐 다소 생소한 '영국식 풍경 정원'이란 대체 어떤 정원을 말하는 걸까요? 자, 머릿속에 이런 광경을 한번 그려보세요.

온통 초록의 너른 잔디밭이 펼쳐지고,
자연스러운 호수와 그 주변에 돌로 만든 동굴이 있고,
짙은 녹음을 일으키는 밀집된 키 큰 나무들과
그 사이의 구불거리는 오솔길,
그리고 정원 곳곳에 산발적으로 지어진 신전을 닮은 정자와
무너진 성곽을 연상시키는 건축물들이 듬성거리며 오솔길에 놓여 있다.

어? 지금의 골프장과 비슷하지 않나, 이렇게 생각하셨다면 맞다고 해야 할 듯합니다. 왜냐하면 훗날 이 영국식 풍경 정원이 골프장의 디자인에도 많은 영향을 미쳤으니까요. 그렇다면 여기서 하나 더, 왜 이런 형태의 정원을 영국식이라고 부를까요? 그건 바로 이 정원 양식이 최초로 등장한 곳이 영국이고, 이걸 처음으로 만들어낸 사람이 오늘 우리가 함께 산책할 정원인 '러우샴[Rousham garden]'을 디자인한 윌리엄 켄트[William Kent, 1685~1748]이기 때문이죠.

그리고 이 영국식 풍경 정원을 영국인들이 셰익스피어만큼이나 자랑스러워한다는 게 실은 결과적으로는 결코 과장이 아닙니다. 바로 전 세기인 17세기는 프랑스의 정원, 즉 루이 14세에 의해 만들

어진 베르사유 정원의 명성과 영향이 압도적이었습니다. 그래서 베르사유 정원 조성 이후, 이웃해 있는 모든 나라들이 이 베르사유 정원을 흉내 내거나, 그 경향을 따르는 것이 크게 유행했으니까요. 그래서 당시 프랑스식을 따랐다는 의미에서 '아 라 프랑세즈 가든 스타일à la Française garden style'이라고 부르기도 했을 정도고요. 그런데 이 막강했던 베르사유의 명성을 깬 사건이 생기는데, 그게 바로 영국식 풍경 정원이었던 거죠.

사실 영국식 풍경 정원은 '자연주의'라고도 하지만 '자유주의'라고 말하기도 하는데, 여기서 자유의 의미는 '아 라 프랑세즈à la Française'에서 벗어나, 다시 말해 프랑스 절대 왕정이 자랑했던 매우 정형적인 형태의 정원에서 벗어나 자유로워졌다는 뜻이기도 합니다. 그래서 이 영국식 풍경 정원의 탄생은 역사적으로는 유럽의 정치, 경제, 문화의 패권이 프랑스에서 영국으로 옮겨갔다는 숨은 의미가 있기도 합니다.

~~~~~~~~~~~~~~

풍경 정원의 탄생, 윌리엄 켄트의 천재성

그럼 여기서 이 풍경 정원의 창시자, 윌리엄 켄트에 관해서도 좀 살펴봐야 할 것 같은데요. 도대체 그는 이 독창적인 아이디어를 어디에서 가져왔을까요? 켄트는 원래 화가로 스물네 살부터 약 10년 동
~~~~~~~~~~~~~~

안 이탈리아에서 건축과 미술 공부를 했습니다. 여기서 그는 아주 특별한 그림을 알게 되는데요. 당시 이탈리아에서 유행했던 살바토르 로사Salvator Rosa, 1615~1675 등의 화가가 그린 풍경화였습니다.

사실 그동안의 서양 미술은 신화와 종교에서 크게 벗어나질 못했는데, 이 풍경화는 드디어 그 틀에서 벗어나 '자연의 풍경'이 주제가 된 그림이었죠. 하지만 이 풍경화에도 좀 이상한 점은 있어요. 바로 실제의 풍경을 보고 그대로 그린 것이 아니라, 상상으로 그린 풍경이었다는 겁니다. 켄트는 이렇게 화가의 상상력에 의해 그려진 풍경화와 비슷한, 진짜 정원에 담아내고 싶어 했어요. 훗날 이 정원을 '풍경 정원' 외에 '픽처레스크 정원', 즉 '그림과 같은 정원'이라고 부르는 것도 바로 이 때문입니다.

1719년, 이탈리아에서 영국으로 돌아온 켄트가 본격적으로 디자인을 시작한 곳은 치스윅Chiswick과 스토우Stowe garden정원입니다. 당시 그의 이 새로운 가든디자인이 얼마나 인기였는지, 이 두 곳의 정원을 보기 위해 몰려든 해외 관광객이 엄청났을 정도였죠. 그중 스토우 정원은 유럽 최초로 입장료를 받았던 곳입니다. 스토우 정원은 정원을 소개하는 리플릿도 제작해서 입장객에게 나눠주는 등, 이후 정원관광이라는 문화를 처음으로 시도하기도 했고요. 하지만 윌리엄 켄트가 만들어낸 정원 중 가장 백미를 꼽으라고 한다면, 스토우나 치스윅 정원보다는 옥스퍼드셔 지방에 위치한 개인 정원,

러우샴을 꼽습니다. 그 이유는 이곳이 원형이 가장 잘 보전돼 있고, 전체 풍경 정원을 통틀어 완성도가 가장 높기 때문이죠.

> "윌리엄 켄트는 무대 디자이너다.
> 그는 러우샴 정원의 곳곳을 무대로 만들었고,
> 이곳에 들어서는 사람들을 그 주인공이 되도록 한다."

영국 정원사 몬티 돈의 이 표현은 러우샴 정원을 표현한 가장 적절한 말이기도 합니다. 그런데 사실 처음부터 러우샴을 켄트가 디자인했던 것은 아니었어요. 러우샴의 소유주인 제너럴 도머General Dormer가 1727년 집과 정원에 대한 디자인을 의뢰한 사람은 찰스 브리지먼Charles Bridgeman, 1690-1738이었습니다. 하지만 그가 러우샴의 프로젝트를 끝내지 못하고 죽자, 친구였던 켄트가 그 작업을 이어받은 거죠. 그런데 이때부터 켄트는 브리지먼의 디자인을 수정하면서 본격적으로 자신만의 독특한 방법으로 지금까지 본 적 없는 새로운 정원의 개념을 만들어냅니다.

경치를 디자인하다

그렇다면 윌리엄 켄트의 가든디자인은 무엇이 그토록 독창적이고 특이했을까요? 일단 정원의 입구부터 살펴봐야 할 것 같습니다. 정원의 입구는 건물 뒤로 돌아가야 나오는데요. 건물을 도는 순간, 그 앞으로 아주 넓은 잔디밭이 펼쳐집니다. 그런데 이 잔디밭을 얼핏 보면 그냥 평범한 곳 같지만, 끝부분이 갑자기 아래로 훅 꺼지면서 그 아래 개울이 보입니다.

이번엔 그 잔디밭에서 시선을 개울 쪽인 아래가 아니라 그대로 서서 눈높이 상태로 두어볼까요. 그러면, 여기에서 우리는 더 놀랄 만한 풍경을 만나게 됩니다. 한 축으로 연결된 풍경인데요. 우선 가장 가깝게는 끝에 세워둔, 사자가 말을 물고 있는 박진감 넘치는 조각물이 보이고, 그 뒤편으로 멀리 양과 말을 키우는 초원이 펼쳐지죠. 그리고 더 멀리 밀 방앗간인 밀하우스가 보이다가 그 너머로 마침내 아주 까마득한 곳에 무너진 성곽을 연상시키는 건물이 보입니다.

이 어마어마하게 긴 시선의 축과 풍경을 설마 윌리엄 켄트가 의도적으로 만들었을까 의심할 수도 있지만, 이게 바로 윌리엄 켄트가 생각하고 고도로 계산해서 만들어낸 풍경이었죠. 이 건물은 실은 러우샴 정원에서 수 킬로미터나 떨어져 있는데 정자인 듯 담장인 듯 보이는 구조물로 '폴리Folly'라는 정원 용어로 불립니다. 가짜 건물이라는 뜻이에요.

결론적으로 켄트는 이 모든 풍경을 러우샴 정원의 잔디밭에서 감상하기 위해, 주변에 이미 있는 경관을 활용하기도 했지만, 이 폴리 건물처럼 수 킬로미터 떨어진 곳에 일부러 인위적 구조물을 만들기도 했던 거죠. 바로 여기서 왜 윌리엄 켄트의 정원을 '풍경 정원', 다시 말해 '풍경을 만들어낸 정원'이라고 하는지를 충분히 이해할 수 있습니다.

18세기 영국 정원의 엘리시움

이제 다시 러우샴 정원 내부로 좀 더 발길을 돌려보면요. 멀고 아득한 풍경을 본 뒤, 잔디밭의 옆을 보면 우거진 숲속으로 들어가는 작은 입구가 보입니다. 자칫하면 놓칠 수도 있는 이 어둡고 작은 입구는 우거진 수목들 밑 오솔길로 이어지죠. 한동안 큰 나무들이 뒤덮인 깊고 어두운 길이 이어집니다. 그리고 이 어두운 오솔길이 끝나는 지점에 이르면, 그 앞에 아주 환한 빛이 쏟아지는데요. 이 광경은 마치 어두운 무대에 주인공을 위해 핀조명을 밝힌 듯한 연출효과를 보여줍니다. 바로 이 부분 역시 윌리엄 켄트가 그려낸 독특한 '빛의 연출'이기도 하죠.

사실 러우샴에는 꽃을 피우는 초본식물이 거의 없어요. 온통 수목의 초록으로 가득 차 있는데요. 대신 이 초록은 그냥 하나의 초록이 아니라 짙고, 연하고, 햇볕에 반사되고, 그늘지는 등, 꽃만큼이나 다양한 명암을 만들어냅니다. 더불어 러우샴에서 빼놓을 수 없는 것 중에 하나가 정원의 명암이 바뀔 때마다 나타나는 조각들인데요. 이 조각들은 대부분이 그리스 로마 시대의 신화를 테마로 했기 때문에, 마치 신화 속의 인물이 스토리를 전달하는 듯한 서사적인 느낌으로 서 있을 때가 많습니다.

그런데 러우샴 정원의 최고 풍경을 꼽으라고 한다면, 두 개로 이어진 '폭포의 집'일 거예요. 이 폭포의 집은 높은 곳에 하나, 그리고 낮은 곳에 하나가 있습니다. 그런데 이 두 개의 폭포의 집은 아래에서 올려다보면 물이 내려오는 일종의 물길인 것을 알 수 있지만, 그 위에 올라서 있을 때는 그냥 잔디동산으로 그 아래로 물이 흐를 거라고는 전혀 짐작이 되지 않죠. 결국 위에서 보는 풍경과 아래에서 보는 풍경은, 완전히 다를 수밖에 없습니다.

이제 폭포의 집을 지나 다시 옆길로 접어들면, 강을 내려다볼 수 있는 곳에 지은 '아케이드' 건물이 나타납니다. 여기는 앉아서 강을 내려다볼 수 있는 곳인데, 잠시 앉아서 주변을 느끼다 보면, 왜 원예가 몬티 돈이 켄트의 디자인을 '무대 디자인'이라고 말했는지를 깨닫게 되죠. 정원의 곳곳 어느 자리에 있든, 마치 그 자리가 나를 위해 오랫동안 기다리고 있었던 듯, 온전히 나만의 공간이 되는 신기한 경험을 하게 되니까요. 사실 이런 디자인은 우연히 연출된 것이 아니라, 켄트가 러우샴의 지형을 오랫동안 관찰하고, 어떤 자리에서 어떤 풍경을 끌어안을 수 있는지를 연구해서 만들어낸 것이죠.

이 아케이드 옆으로 난 가파른 계단을 오르면 다시 또 반전이 일어납니다. 지붕 위가 잔디밭으로 만들어져 있고, 여기에 '상처 입은 병사의 조각상'이 놓여 있는데, 아래가 건물이라고는 전혀 생각되지 않으니까요.

더불어 러우샴에서 빼놓을 수 없는 켄트의 천재적 디자인이 하나 더 있습니다. 바로 '하하'라고 부르는, 아래로 꺼진 울타리입니다. 보통 담장은 지상 위에 쌓아 올리는데, 이렇게 하면 우리의 시선이 차단될 수밖에 없어요. 켄트는 이런 시각적 막힘을 없애기 위해 땅 아래 일종의 트렌치를 만들어냈습니다. 깊이가 1.3미터 정도라서 동물이나 사람이 전혀 올라오지 못해요. 울타리로서의 기능은 충분하지만, 시선의 차단이 없어서 이곳에 서면 주변 초원이 정원으로 연결돼 넓고 크게 보이게 한 거죠.

역사학자들은 러우샴 정원을 흔히 '18세기, 윌리엄 켄트의 엘리시움'이라고 합니다. 그리스인들이 꿈꾸던 '신들의 파라다이스'를 뜻하는 말 '엘리시움'이 러우샴 정원의 이미지와 잘 맞기 때문인데요. 실제로 러우샴 정원을 거닐어보면, 모든 것이 초록인 거대한 바탕 위에 수백 년의 이야기를 품고 있는 나무와 조각물, 건축물들, 그리고 새와 물소리가 가득한 공간에 모든 소음이 사라진 채 내가 온전히 들어가 하나가 되는 경험을 하게 됩니다. 수백 년이 흐른 지금도 윌리엄 켄트의 흔적이 우리에게 똑같은 명상과 상상의 힘을

준다는 것은 역시 대지가 간직하고 있는 오래된 기억 때문이 아닐까 하는 생각을 다시 한번 하게 됩니다.

영국식 풍경 정원 기행

18세기에 꽃을 피운 영국식 풍경 정원은 윌리엄 켄트 외에도 랜슬럿 브라운 등의 후배 디자이너에 의해 영국 전역에 엄청난 영향을 미친다. 그때 만들어진 수많은 풍경 정원은 지금도 영국 배경의 시대극 영화나 드라마 배경지로 자주 이용되고 있다. 평화롭고 고요하며 수려한 경관의 영국식 풍경 정원의 진수를 런던 인근에서 볼 수 있다.

추천 경로

런던 히드로 공항에서 차량을 렌트하여 이동하는 것이 가장 좋다.(운전석이 한국과 반대이니 조심하자.) 대부분의 풍경 정원이 대중교통으로 접근하기가 어렵기 때문이다.
스타워헤드 정원, 스토우 정원, 치스윅 정원, 큐가든, 러우샴 정원을 중점으로 둘러보고 가는 길에 윈저 성과 옥스퍼드 시내, 코츠월드 빌리지, 바스 시내를 본다면, 정원과 유명 도시를 간소한 동선으로 함께 감상할 수 있다.

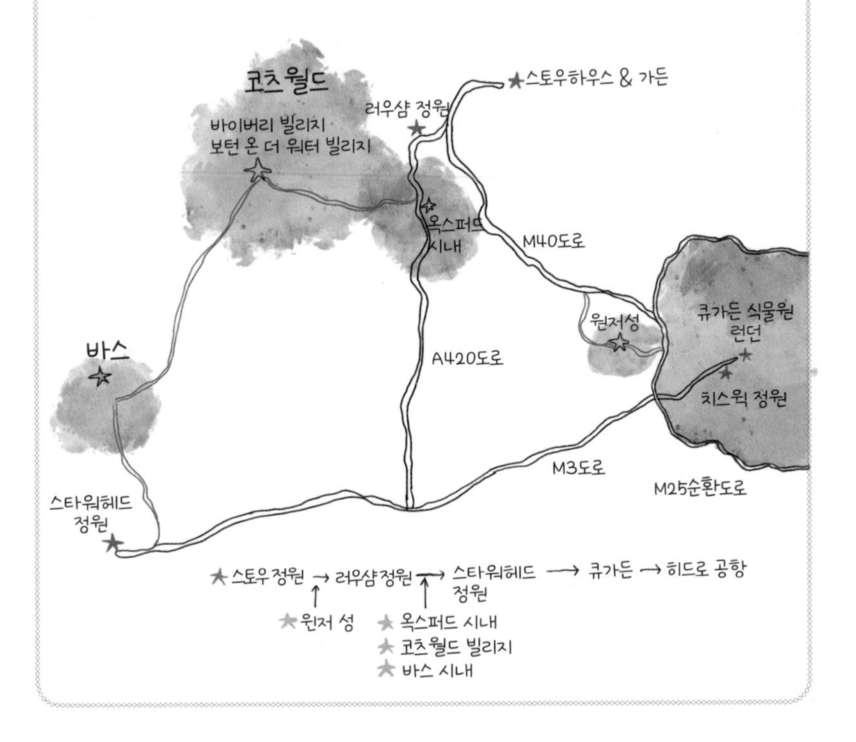

“남아프리카 케이프타운의 풍경 속에 깃든
유럽농장의 조화와 융합, 진정으로 우리 삶이 추구하는 것은
편안한 집과 안전한 먹을거리에 있음을
가슴 깊이 새기게 되는 곳.”

17세기 네덜란드풍 와이너리 농장과 케이프타운의 기억

· 남아프리카, 바빌론스토렌 ·

무역항, 남아프리카의 케이프타운

남아프리카의 케이프타운을 여행 중이라면, 가봐야 할 곳 리스트에 어김없이 등장하는 장소가 있습니다. 바로 바빌론스토렌Babylonstoren 농장입니다. 혹시 뭔가 특이한 점을 발견했나요? 일단 '농장'이란 곳이 가봐야 할 곳 리스트에 등장한 것만 해도 신기하죠. 그런데 여기에 한 가지 더, 남아프리카인데 네덜란드풍 농장이라는 건 또 어떤 의미인지, 궁금하지 않을 수 없습니다.

이곳에 네덜란드식 농장이 들어선 것은 1692년, 17세기로 거슬러 올라갑니다. 1869년 11월 7일에 태평양과 대서양을 뚫어주는 수에즈 운하가 생겼죠. 하지만 이 운하가 생기기 전 중국과 인도에서 수입되는 물품들을 유럽에 전달하기 위해서는 배의 항로가 반드시 아프리카의 남쪽 끝단에 위치한 케이프타운을 지날 수밖에 없었습니다. 그러다 보니 17세기에 이르렀을 때 케이프타운은 무역항으로서 그 중요성이 아주 컸고, 그로 인해서 이곳은 수많은 유럽 열강의 식민지 개척을 위한 각축장이 되어버렸죠.

이 싸움에서 최종 승리자는 결국 영국이 되었지만 17세기와 18세기 케이프타운에 최대 영향력을 행사한 나라는 실은 네덜란드였습니다. 중국, 인도와 유럽을 연결하는 무역을 네덜란드 무역상들이 거의 독점했던 탓에 케이프타운을 선점한 것도 자연스럽게 네덜란드가 되었죠.

사실 초창기 남아프리카의 케이프타운은 단순히 중간 거점, 항구에 불과했는데요. 시간이 흐르면서 상황이 달라집니다. 그건 바로 남아프리카 특유의 쾌청한 날씨 탓에 이곳에서 정착해 살아가는 유럽인들이 점점 늘어났던 거죠. 사실 영국은 물론이고 네덜란드, 스웨덴 등의 북유럽 국가들은 그 지역의 기후가 좋다고는 말할 수가 없습니다. 일조량이 적고, 습한 기후를 지닌 대표적인 나라들이라서 농산물 재배가 쉽지 않으니까요. 그런데 남아프리카 기후는 건조하면서도 맑고 깨끗하고 온화하죠.

케이프타운의 와이너리 농장

이런 최고의 기후 조건을 가장 먼저 이용한 사람들은 역시 초창기 이곳을 선점한 네덜란드인들이었습니다. 이들은 남아프리카의 땅을 헐값에 사들였고, 여기에 바로 유럽인들의 필수 음료라 할 수 있는 포도주를 만들 수 있는 농장인 '와이너리'를 대규모로 만들죠.

아마 와인을 좋아하는 분들이라면, 남아프리카의 와인이 당도가 뛰어나고 그 맛도 세계적으로도 인정받고 있다는 것을 잘 아실 거예요. 바로 그 시작이 17세기, 대규모의 와인 농장을 케이프타운에 만들면서였습니다.

네덜란드풍 농장, 바빌론스토렌도 바로 네덜란드 상인들이 만든 기업형 와이너리에서 출발했습니다. 그래서 이 농장을 부를 때, 앞에 수식어처럼 '네덜란드풍 농장'이라는 명칭이 붙는 거고요. 오늘날 여기서 호텔과 스파, 상점으로 사용하고 있는 건물은 주로 17세기와 18세기에 헛간, 와인 보관소, 마구간이었던 곳으로 그 당시 네덜란드 농가의 건물 양식을 그대로 따르고 있어요.

그렇다면 단순히 네덜란드풍의 농장이란 이유로 이 바빌론스토렌이 유명할까요? 단순히 와이너리만 본다면 케이프타운에만도 이 바빌론스토렌보다 더 크고 값비싼 와인 브랜드를 가진 농장이 많습니다. 이 농장이 유명한 이유는 또 다른 특별함이 숨어 있기 때문입니다.

남아프리카의 고유성을 찾아가다

우선 바빌론스토렌의 가장 큰 특징은 주변 환경입니다. 농장의 뒷배경에는 세 개의 거대한 산, 바로 사이먼스버그Simonsberg, 뒤 토이츠클로프Du Toitskloof, 프란슈후크Franschhoek의 거대한 산봉우리가 농장에서 그대로 보이는데요. 이 장엄한 케이프타운의 자연 경관이 압도적인 경외감과 함께 이곳이 분명 네덜란드가 아니라 남아프리카 케이프타운이라는 사실을 실감하게 합니다. 말 그대로 풍광 자체가 '고유성'을 그대로 보여주죠.

이제 농장으로 좀 더 들어가보면, 생존의 예술이 무엇인지를 만나게 됩니다. 농장의 정원은 15개로 구별이 돼 있는데요. 여기엔 채소밭은 물론이고, 과실수를 키우는 곳, 가축을 키우는 곳, 테이블 위에 올려놓을 화려한 꽃을 키우는 공간이 질서 정연하고 아름답게 배열되어 있습니다.

이곳을 디자인한 사람은 프랑스의 건축가인 패트릭 타라벨라Patrice Taravella입니다. 2007년, 이 농장의 소유주였던 카렌 루스Karen Roos는 이 오래된 와이너리를 새로운 개념의 농장으로 바꾸기 위해 타라벨라라는 건축가를 기용합니다.

타라벨라는 프랑스의 오래된 중세시대의 저택인 '르 프리외르 도르상Le Prieure d'Orsan'을 아름다운 채소 정원으로 변화시킨 인물로, 이 채소 정원에 감동을 받은 루스가 직접 이곳을 다시 디자인하기 위해 건축가를 섭외한 것이었죠.

타라벨라의 정원 디자인은 다른 디자이너와는 매우 다른 독특함이 있는데요. 그는 이른바 손으로 직접 만드는 공예 감각을 무엇보다 중요하게 여겼습니다. 인간이 만든 기성품이나 기성 재료를 사용하기보다는 자연의 재료를 사용하고, 또 누군가를 시키는 게 아니라 자신이 직접 만드는 것을 정원 디자인의 중요한 부분으로 꼽았죠. 그래서 그냥 울타리가 아니라, 버드나무 가지를 손으로 직접 엮어서 만든 울타리를 디자인했고, 그냥 장미 아치가 아니라, 나무로 집을 지어 장미의 집을 만들어주고, 15개의 정원 구역 중에는 오리와 거위가 사는 집, 새집, 벌이 사는 집 등을 그 지역에서 나오는 자연의 재료로 직접 만들었습니다. 그렇기 때문에 세상에 오직 그곳에만 있는 건축과 정원이 만들어진 셈이죠.

진정으로 잘 먹고 잘 산다는 것은?!

"우리 디자인에 있어 가장 중요한 요소는

언제나 지역성입니다.

그 지역과 소통이 무엇보다 중요한 거죠."

소유주 카렌 루스가 한 잡지와의 인터뷰에서 말한 내용으로 바빌론스토렌은 그 이름 자체도 바벨의 탑에서 따온 말입니다. 그 지역의 자연인 장엄한 산의 모습이 마치 바벨탑처럼 느껴졌고, 그 밑에서 하고 있는 인간의 노력이 바벨탑에 오르려는 인간의 정체성을 보여준다고 생각한 거죠. 어쩌면 이 이름만으로도 소유주와 디자이너 이 두 사람이 케이프타운이라는 지역성에서 얼마나 많은 영감을 얻었는지를 잘 알 수 있는데요.

바빌론스토렌은 이 이름의 정체성에 걸맞은 시도를 지금까지 해왔습니다. 네덜란드식 유럽 농장이라는 태생을 지니고 있긴 하지만, 지역성을 좀 더 존중하고 결합시키려고 노력합니다. 남아프리카에서 자생하는 채소를 재배해보고, 그 채소로 이 지역에서만 가능한 요리를 다시 재현해보는 일을 지역 사람들과 함께 진행하고 있고요. 또 멸종 위기에 있는 남아프리카의 자생식물을 모으고 재생시키는 프로젝트도 활발하게 이어지고 있으니까요.

바빌론스토렌의 특별함은 정원사들의 전문성과 노련함도 한몫을 하는데요. 이곳에서 키우는 300여 종이 넘는 식물들은 모두 식용이 가능하면서도, 아름답고, 먹었을 때 식감도 좋은 아주 특별한 종으로 키워지고 있습니다.

그중 정원에서 자라고 있는 수백 년 된 올리브 나무에서 해마다 열매를 따 직접 농장에서 기름을 짜내 올리브 오일을 만들고 있고요. 포도원에서는 포도를 수확해 와인을 만들고, 소의 젖을 이용해 치즈를, 허브를 수확해 음료와 술을 모두 직접 만들고 있죠. 그리고 이 모든 걸 '바빌론스토렌'이라는 브랜드로 직접 판매도 하고 있어서 생산에서 유통까지 6차 산업의 좋은 본보기가 되어주고 있습니다.

한때는 방송 프로듀서로 일하다, 지금은 농장 리버포드 팜을 운영 중인 영국인 농부 겸 사업가 게이 왓슨Gay Watson은 한 인터뷰에서 이런 말을 했습니다. 잘나가던 런던의 직장생활을 버리고 왜 시골로 들어갔냐는 질문에 대한 그의 답변이었는데요.

"잘 먹고 잘 살기 위해 열심히 일한다고 생각했는데,
어느 날 전자레인지에 데운 음식을 먹으며 밤을 새워 일하며
문득 깨달았어요. 저는 잘 살지도 잘 먹지도 못하고 있다는 걸요."

그 깨달음으로 왓슨은 바로 도시의 삶을 버리고, 시골 아버지의 농장을 이어받아 지금의 삶을 새롭게 시작한 셈인데요. 바빌론스토렌의 소유주 카렌 루스도 인터뷰에서 이와 비슷한 이야기를 합니다.

"내가 바빌론스토렌에 있는 것을 좋아하는 것은

신선한 공기와 건강한 음식,

땅을 직접 일구는 세계로 탈출할 수 있기 때문이다."

지금 바빌론스토렌은 소유주가 바뀌어 또 다른 도전을 하는 중이라는 소식도 들립니다.

오래된 정원, 농장, 대지는 정말 많은 사람들의 흔적을 안고 있습니다. 사실 우리가 지구의 땅을 소유한다는 것 자체가 불가능한 개념이기도 하죠. 땅의 소유는 인간들끼리의 규정일 뿐, 지구는 한 번도 그 소유권을 인간에게 준 적이 없으니까요. 그래서 오래된 기억을 품은 대지에 서게 되면, 우리가 잠시 소유한 그 땅 위에 '영원할 것처럼 무엇인가를 남겨서는 안 된다'는 진실을 만나기도 합니다.

오경아의 정원인문기행 노트 3

남아공 케이프타운 와이너리 농장 기행

와이너리는 와인을 만들기 위해 포도를 키우고, 이를 숙성시켜 와인으로 만들기까지 전 과정의 시설을 갖춘 농장을 말한다. 와이너리 농장은 이미 18세기부터 주택은 물론 테스트룸, 식당, 숙박까지 갖춘 곳이 많아서, 지금도 케이프타운 인근에는 수많은 와이너리 농장이 있다.

추천 경로

케이프타운의 대표적인 와이너리 지역은 테이블 마운틴 바로 아래에 있는 코스탄티아 지역을 포함해, 남쪽 서머셋 웨스트, 동쪽 프랑슈후크, 중앙 스텔렌보스, 서쪽으로 더반빌 지역이 있다. 이 중 3박 4일 정도의 일정을 할애할 수 있다면, 테이블 마운틴→키르텐보스 국립식물원→코스탄티아의 와이너리 농장→서머셋 웨스트→스텔렌보스→파를 지역(바빌론스토렌 농장)→더반빌을 둘러보자. 예약만 한다면 숙소도 이용할 수 있어 진정한 와이너리와 정원기행이 될 듯하다.

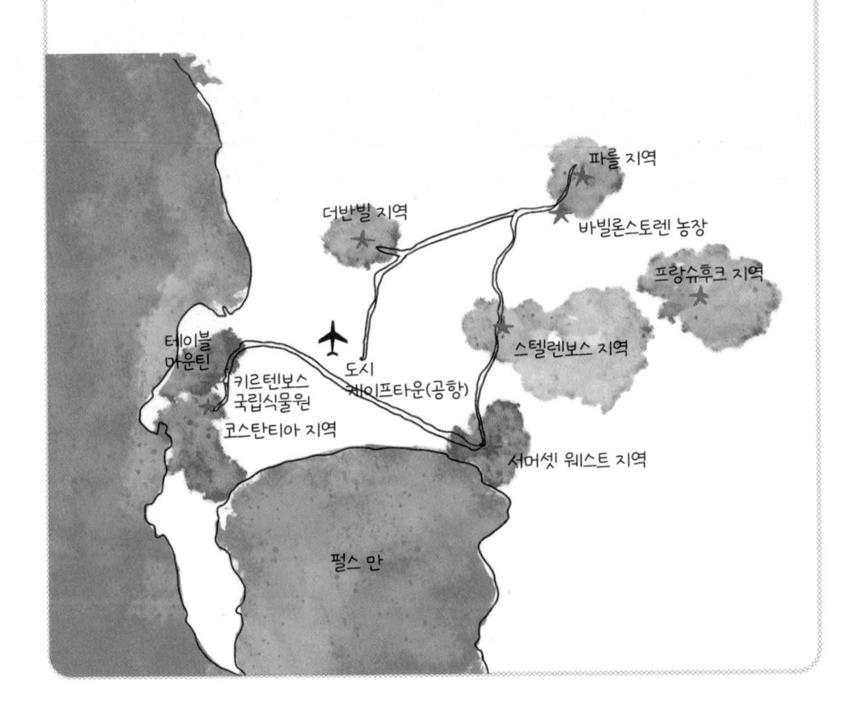

"박제되지 않고 아직도 후손이 돌보며 살아가고 있는 고택.
진정한 유산의 지킴과 오늘날의 우리 주거문화를
다시 한번 되짚어보게 하는 곳."

박팽년과 그 후손의 기억

· 달성, 삼가헌 ·

기개가 남다른 살림집의 탄생

안타깝지만 전통이 현재로까지 이어지지 못하고, 시간이 멈춰버린 채 박제된 모습으로 남겨진 문화재를 많이 보게 됩니다. 이런 곳은 보존은 잘 되고 있지만, 사람의 온기가 사라져 오히려 소멸이 주는 공허함을 더 강하게 느끼게도 하죠. 그런데 삼가헌 주택은 조상이 물려준 터를 이어받아 지금도 후손이 그 속에 살며, 현재의 새로움을 더하는 중이어서 살아 있는 전통이 무엇인지를 보여줍니다. 바로 후손의 온기로 채워진 대구 달성 삼가헌三可軒이야기입니다.

전통 주택의 이름은 그곳에 후손이 살고 있다면, 그 이름을 따 '누구의 고택'이라는 이름으로 많이 불리죠. 하지만 이곳은 현재 후손의 이름이 아닌, 집 자체의 이름인 '삼가헌'으로 불립니다. 아마도 삼가헌이라는 집 이름에 좀 더 많은 무게가 실려 있기 때문일 텐데요.

조선시대 전통 주택에서는 집 전체 이름 혹은 방 이름을 널빤지나 종이에 써서 지붕과 문 사이에 걸어두는 문화가 있었죠. 이걸 '편액', 또는 글씨가 가로로 쓰여 있다고 해 '횡액'이라고도 하는데, '삼가헌'이라는 이 편액은 바로 이 고택 사랑채 온돌방 위에 걸려 있습니다.

"천하와 국가를 다스릴 수 있고,
관직과 녹봉도 사양할 수 있고,
날카로운 칼날 위를 밟을 수도 있지만,
중용은 참으로 어렵다."

『중용中庸』 9장에 등장하는 글귀로 그만큼 중용의 길이 어렵다는 것을 강조한 구절입니다. 하지만 위의 세 가지를 행함이 선비의 덕목임을 잊지 말자는 의미가 더 강하게 들어 있죠. 삼가헌은 바로 이 세 가지의 갖춤, 선비의 자세를 말하는 건데요. 즉 천하와 국가를 다스리는 '지知', 관직과 녹봉을 사양할 수 있는 '인仁', 날카로운 칼날 위도 밟을 수 있는 '용勇'을 갖추어야 한다는 뜻이죠.

편액에 담긴 그 집의 이름은 그 안에서 살아가는 사람들의 마음가짐이기도 한데, 살림집의 이름치고는 그 기개와 뜻이 정말 남다릅니다.

~~~~~~~~~~

사육신, 박팽년의 유일한 후손이 살아남다

이 삼가헌 이야기는 달성 하빈면 묘리라는 순천 박씨의 집성촌에서부터 출발해보겠습니다. 왜 이런 기개가 남다른 집, 삼가헌이 탄생했는지, 그 비밀이 여기에 숨어 있으니까요.

1456년 6월 1일은 세조 집권 1년째로, 명나라 사신을 위한 만찬 자리를 창덕궁에서 가졌습니다. 그런데 당시 형조참판이었던 박팽년은 성삼문, 이개, 하위지, 유성원, 김문기와 함께 바로 이 만찬 자리에서 세조를 폐하고, 상왕으로 쫓겨난 단종을 복위시키려는 계획을 도모하죠. 하지만 이 계획은 시작도 못 하고 허무하게 끝나고 맙니다. 그리고 이 사실이 밀고돼 관련자 모두가 며칠 후 붙잡히죠.

당시 박팽년을 귀히 여긴 세조는 '사실이 아니라고 하면 살려주겠다'고 설득합니다. 그러나 박팽년은 끝까지 세조를 왕이라 부르지 않고, '나리'라 호칭하며 오히려 잘못을 꾸짖죠. 결국 참혹한 고문으로 박팽년이 먼저 옥에서 세상을 떠나고, 나머지 관련자도
~~~~~~~~~~

능지처참 등의 무서운 형벌로 죽습니다.

이때 박팽년의 가문은 아버지 박중림까지 개입된 상황이어서 집안의 모든 남자가 죽임을 당했고, 부인과 식솔들은 모두 관노로 보내집니다. 하지만 박팽년의 둘째 아들 박순의 처가 복중 아이를 잉태하고 있었는데, 여기에서 태어난 아들이 살아남아 일가를 이루는 기적이 일어나게 됩니다. 이 사실을 선조 1603년의 『조선왕조실록』은 이렇게 적고 있죠.

> "박팽년의 손자 박비는 유복자였기에 죽음을 면하였다.
> 갓 낳았을 적에 당시의 현명한 사람에 힘입어
> 딸을 낳았다고 속여 말하고, 그 이름을 비斐라고 했으며,
> 죄인을 점검할 때 슬쩍 계집종으로 대신하곤 함으로써,
> 홀로 화를 모면하였다."

사실, 박비가 이렇게 살아남을 수 있었던 건 어머니 성주 이씨 때문이었습니다. 성주 이씨는 관노로 갈 바에는 경상도로 보내달라 요청합니다. 당시 그녀의 아버지, 즉 박비의 외할아버지가 달성 현감이었고, 친정이 바로 달성군 하빈면 묘리였기에 의지할 사람들이 주변에 있었던 거죠. 이런 성주 이씨의 현명한 판단 덕분에 박비는 구사일생으로 목숨을 구하게 되죠. 17년이 지난 후 박비에게는 뜻하지 않은 사건으로 새로운 인생이 시작됩니다.

성종 3년, 1472년 경상도로 부임을 한 이극균은 박비 어머니 성주 이씨의 제부[여동생의 남편]였는데요. 이극균은 뒤늦게 박팽년의 손자인 박비의 존재를 알고, 성종에게 그의 복위를 주청합니다. 성종은 이를 받아들여 박비의 신분을 복위하고, 이름을 하사했는데 '오직 하나뿐인 산호 같은 귀한 존재'라는 의미로 '일산[壹珊]'을 내려주죠. 문헌에서는 이때부터 박비의 이름이 박일산으로 바뀐 것으로 나타납니다.

그리고 1479년, 박일산은 벼슬자리에 오르면서 어느 정도 세력을 쌓게 되자, 자신이 자란 외가 터인 하빈면 묘리에 '태고정'이라는 살림채와 별당 건물을 짓는 등 묘리 전체를 순천 박씨의 집성촌으로 정착시킵니다. 지금은 30호 정도만 남았지만, 일제 강점기 때까지만 해도 300호가 넘는 순천 박씨 일가가 묘리에 살았다고 하니, 유일하게 살아남은 박팽년의 후손이 그야말로 엄청난 일가를 이루는 기적이 일어난 셈이죠.

18세기, 폐쇄성이 강한 주택의 전형

"오가사칸으로 중앙이 마루고, 동서협이 방인데,

동협은 이연헌이니 이신연거한다는 뜻으로

만경을 수습하여 병을 조리하며,

여생을 보내려 함이요,

서협은 몽양재니 동몽을 바르게 기른다는 뜻으로,

후손들을 올바로 가르쳐서 가풍을 이어가려는

염원에서 나온 바이다.

중당에 파산서당이라 편액하니 전체를 총칭함이다."

삼가헌 주택을 완성한 박팽년의 14대손 박규현이 1874년에 집필한 『파산서당기巴山書堂記』에 별당 '파산서당'에 대해 남긴 글입니다.

삼가헌은 90년에 걸쳐 완성된 곳으로, 그 첫 시작은 11대손 박성수였습니다. 박성수는 1783년영조 45년에 벗들과 교우하기 위해 묘리에서 얕은 산을 넘어야 나오는 지금의 터에 초가를 짓습니다. 그리고 이 집의 이름을 바로 '삼가헌'이라 하죠. 1년 후 다시 박성수는 이 초가 옆에 별당, '파산서당'을 짓는데요. 네 칸 크기에 마루와 온돌이 혼합된 형태로, 이름처럼 학생들을 가르치는 곳이었습니다.

지금 삼가헌의 모습은 1874년고종 11년 14대손, 박규현에 의해 확장된 모습으로, 파산서당 앞마당 흙을 파서 서쪽에 동산을 만들고, 그 파인 자리에 물을 담아 연꽃을 심을 수 있는 못을 조성하죠. 이 연못의 이름이 '하엽정'이고요.

사실 삼가헌은 정확하게 살림터와 하엽정이 포함된 별당 터, 즉 학생을 가르쳤던 파산서당과 살림집이 담으로 구별돼 있습니나. 요약하면 학교와 집이 합쳐진 형태라고 봐야 할 텐데요. 그래서 서당에 오는 학생들은 살림채를 거치지 않고, 별당 서쪽 문을 통해, 바로 파산서당으로 들어갈 수 있도록 한 거죠.

살림터의 구성은 18세기 조선시대 전통 주택 형태를 그대로 보여줍니다. 안채가 'ㄱ'자이고, 사랑채의 형태가 'ㄴ'자라, 합쳐지면 'ㅁ'자가 됩니다. 사실 조선 초기의 주택은 개방적인 형태여서 사랑채와 안채가 철저히 분리되거나 폐쇄된 모습이 덜합니다. 그러나 중기에서 후기로 가면서 사랑채와 안채가 폐쇄적으로 분리되고, 특히 안채의 경우는 중정을 제외한 공간이 완전히 닫혀진 형태로 나타나죠. 삼가헌은 바로 이런 18세기 조선 후기 전통 주택의 변화된 모습을 그대로 보여줍니다.

전통 주택정원의 식물들

삼가헌은 18세기 주택정원으로서도 귀중한 자료를 많이 담고 있는데요. 14대손 박규현이 남긴 기록 『삼가헌지』, 『파산서당기』에 의하면 삼가헌에는 회화나무, 소나무, 연꽃, 대나무, 버드나무, 밤나무, 상수리나무, 가래나무, 옻나무가 자라고 있었던 것으로 언급되고 있죠. 이 식물들은 전통적으로 우리의 주택지에 심어진 식물군과 일치합니다.

사실 조선시대의 주택 정원에서는 크게 네 가지 가치로 식물을 선정했습니다. 그 첫째가 성리학 혹은 도학적 상징성, 둘째, 담을 대신할 울타리가 될 수 있는 기능, 셋째, 음식의 재료가 될 수 있는 실용적 가치, 마지막으로 심미적인 아름다움이었죠. 삼가헌의 식물 구성에서도 이런 특징을 그대로 볼 수 있는데요.

먼저 21미터, 15미터, 약 95평 크기의 반듯한 직사각형의 못 안에는 연이 가득한데, 이 연은 18세기 초에 작성된 『산림경제』에 의하면 "연근, 연자, 검인 모두 양식을 대신할 만하다"라고 쓰여 있어, 연이 불교, 도교, 유교적으로 맑고 깨끗한 선비의 삶을 상징하지만, 음식의 재료로 소중하게 여겨졌음을 알 수 있습니다.

또 1554년 영조 시대에 작성된, 흉년이 들었을 때 대처하는 방법을 적은 책 『구황촬요』에 의하면 "밤, 호두, 감, 대추 열매를 겨울철 좋은 날에 수합하여 떡을 빚어 그릇에 갈무리해둔다. 떡 하나를 먹고 삼사 일을 견디는데 배가 고프지 않으며, 삼사 일이 지난 뒤에 다시 떡 하나를 먹으면 다시 오래 참을 수 있다"라고 돼 있습니다. 그래서 지금도 사라져버린 주택 터를 찾을 때 우선 밤, 호두, 감, 대추나무가 있는지를 알아보는 이유도 바로 이런 맥락 때문이죠.

후손이 지켜가는 선조의 기억들

아직도 삼가헌에 남아 있는 엄나무와 탱자나무 등은 울타리의 기능으로 심어졌던 것이고, 당시에는 심어지지 않았지만 후손에 의해 심어진 해당화, 매화, 배롱나무 등도 조선시대 전통 정원에서 미학적 관점에서 심어진 식물들이기도 합니다.

오래된 건물, 오래된 터, 정원에서는 수백 년 동안 쌓아온 기억들이 있습니다. 지금의 우리는 살아본 적 없는 시간의 기억을 땅과 나무와 건물이 간직하고 있는 거죠. 오래된 고택에 서면 바로 과거와 현재가 뒤섞여 만난 듯, 묘한 시간의 만남을 경험하게 되는 것도 이 때문이고요.

"영화 〈아웃 오브 아프리카〉의 실제 촬영지이기도 한
작가 겸 농장주 카렌 블릭센의 집과 농장.
방문하는 순간, 그녀가 왜 그토록 이곳을 사랑했는지를
온몸으로 깨닫게 된다. 대지와 날씨의 따뜻함이 인류의 시초가
왜 아프리카 이곳에서 시작됐는지를 이해하게 하는 곳."

소설가, 카렌 블릭센 그리고 영화 〈아웃 오브 아프리카〉의 기억

· 나이로비, 카렌 블릭센 뮤지엄 ·

데니스 핀치, 은공 언덕에 잠들다

"그는 사람과 새와 짐승을 모두 사랑했고, 모두를 위해 기도하였다."

살아 있을 당시는 자유로운 영혼의 소유자였고, 죽고 난 후에는 한 여인이 사랑했던 남자로 유명해진 데니스 핀치 해턴Denys Finch Hatton, 1887-1931의 묘비명에 쓰인 글귀입니다. 영국인이었지만 케냐를 누구보다 사랑했던 그는 비행기 사고로 죽은 후, 현재 케냐의 나이로비 국립공원이 내려다보이는 은공 언덕Ngong Hills에 묻혀 있죠. 이곳에 그를 묻은 사람은 연인 카렌 블릭센Karen Blixon, 1885-1962이었습니다.

카렌과 데니스라는 이름은 조금 낯설 수도 있지만, 1985년 개봉한 메릴 스트립과 로버트 레드포드 주연의 영화 〈아웃 오브 아프리카Out of Africa〉는 많은 이들이 기억할 듯합니다. 이 영화의 첫 장면은 이렇게 시작됩니다. 타이틀과 함께 존 베리의 음악이 울려 퍼지면서 케냐의 초원을 가르는 석탄 기차의 덜컹거림이 화면에 가득합니다. 그리고 할머니가 된 카렌 블릭센, 배우 메릴 스트립의 담담한 독백이 흘러나오죠.

"나는 아프리카 은공 언덕 아래 농장을 가지고 있었다."

그녀가 말한 농장은 커피 농장이고, 은공 언덕은 바로 연인 데니스가 묻힌 장소죠. 이 은공 언덕이 위치한 곳은 케냐의 수도 나이로비에서 약 5킬로미터 남쪽으로 떨어진 곳으로, 언덕이라고는 하지만 해발 2,460미터에 달합니다.

"그는 자신이 죽으면 여기에 묻어달라고 했다.
그리고 우리의 무덤으로 드라이브를 가자고 말했다.
훗날 그의 동생이 무덤 옆에 오벨리스크를 세웠는데,
마사이 부족은 그 무덤 주변에서
사자들을 종종 발견했다고 한다.

사자들은 해 질 녘, 해 뜰 무렵에 나타나

무덤 위에 서 있거나 홀로 서성였다고 한다."

카렌이 남긴 이 독백처럼, 데니스의 무덤은 지금도 은공 언덕에 있습니다. 이 언덕에 오르면 데니스가 자신의 무덤이 놓일 장소를 왜 이곳으로 선택했는지 바로 알 수 있죠. 바로 동쪽으로 고개를 돌리면 거대한 초원이 보이거든요. 지금 이곳은 케냐 나이로비 국립공원이기도 한데요. 그런데 이 은공 언덕에서 보는 풍경은 매우 비현실적입니다. 왜냐하면 멀리 나이로비 도심의 고층 건물과 함께 거대한 초원에서 자유롭게 살아가는 코끼리, 톰슨가젤, 얼룩말, 코뿔소 등이 한 화면에 찍혀 나오니까요. 사실 전 세계엔 많은 국립공원이 있지만, 도심 속에 이런 야생동물이 함께하는 곳은 정말 보기 힘듭니다. 케냐 나이로비 국립공원이 특별한 이유가 바로 여기에 있죠.

그런데 도시와 자연이 만들어낸 이 조화는 우연히 이뤄진 게 아닙니다. 이 풍경을 지킨 사람은 바로 머빈 휴 코위Mervyn Hugh Cowie, 1909-1996인데요. 그는 영국인 부모 밑에서 케냐 나이로비에서 태어나 어린 시절을 아프리카 초원에서 보내죠. 그리고 청소년이 되어 교육을 위해 잠시 영국으로 유학을 간 뒤 9년 만에 돌아오는데요. 이때 변해버린 도시 나이로비의 모습에 큰 충격을 받습니다. 어린 시절, 초원으로 가득했던 나이로비가 어느새 도시화로 인해 빌딩숲이 되었으니까요.

머빈은 이 안타까운 현실을 극복하기 위해 평생에 걸쳐 나이로비의 초원을 지키는 환경운동에 매진하죠. 그리고 그 결과로 드디어 도시가 더 이상 팽창하지 못하게 하고, 도심의 한 축을 야생동물과 인간이 공존할 수 있는 국립공원으로 바꾸는 데 성공합니다. 바로 이 덕분에 나이로비의 모습이 카렌의 기억 속 그때 모습 그대로 남게 되었다고 볼 수 있죠.

여성 농장주, 카렌의 커피 농장이 서다

다시 덴마크의 여인 카렌의 이야기로 돌아가면요. 시대적으로 봤을 때, 카렌이 나이로비에 머물렀던 시기 1914년에서 1931년의 케냐는 영국령 시대였어요. 게다가 영화에서도 언급이 됐듯, 1914년부터 1918년까지 이어진 1차 세계대전의 영향으로 유럽은 물론 식민지인 아프리카도 불안하기만 했죠. 게다가 당시 공식적으로는 케냐가 영국의 지배를 받고 있었지만, 카렌의 모국인 덴마크를 비롯해 스웨덴, 독일 등의 세력이 충돌하던 때이기도 했거든요. 또 식민시대를 맞은 케냐로서는 그들 고유의 토속성과 유럽의 근대화가 맞물려 문화적, 정치적, 경제적 혼란의 시기이기도 했고요.

이런 시기에 카렌은 영화에서처럼 배를 타고 북아프리카에 도착한 뒤 다시 기차를 타고 케냐로 들어오게 됩니다. 그때가 1914년, 스웨덴 출신의 귀족 남편과 함께 케냐에서의 삶을 시작하려는 것이었죠. 하지만 케냐에서의 카렌의 삶은 순탄치 않았습니다. 삼촌의 지원으로 남편과 함께 은공 언덕 아래 700만 평에 달하는 커피 농장을 만들지만 곧 경영 위기에 빠지죠. 게다가 겉도는 남편으로 인해 외로운 나날이기도 했고요. 이런 카렌에게 가장 힘이 되었던 사람들은 나이로비의 부족들이었습니다. 카렌은 부족들과 함께 커피 농장을 만들며, 그들이 경제적 활동을 할 수 있도록 배려하고, 또 변해버린 세상에서 살아갈 수 있도록 유럽식 교육도 받게 해줍니다.

커피 농장에는 키쿨루, 와캄바, 카비롱도, 스왈리, 마사이 부족이 함께 일을 했는데, 당시로서는 서로에게 적대적이었던 부족들이 함께 일을 하면서 화해와 통합을 배우는 중요한 계기가 되기도 했죠.

식민시대를 살아간 사람들의 기억

카렌의 소설, 『아웃 오브 아프리카』는 후에 지속적으로 노벨 문학상 후보에 올랐을 정도로 여전히 문학적으로 좋은 평가를 받고 있습니다. 이 소설이 단지 연인의 사랑만이 아니라, 식민시대 제국주의의 민낯과 당시 여성 차별 등을 잘 투영하고 있다는 건데요. 나라를 빼앗긴 채 유럽인들의 노예 혹은 그들의 노동자가 되어 살아가야 했던 원주민들의 삶과, 같은 유럽인이라고 해도 여성이라는 차별 속에 남자들의 소유물이 될 수밖에 없었던 카렌의 삶이 실은 매우 닮아 보이죠.

사회적 약자였던 여성 사업가 카렌과 노예로 전락한 부족들에게 커피 농장은 그들만의 주체적인 삶을 찾을 수 있는 방법이었던 건데요. 이 행복은 오래가지 못했죠. 커피 농장은 수년간 지속된 가뭄으로 커피 생산을 제대로 하지 못했고, 게다가 화재로 불타면서 파산에 이릅니다. 또 카렌은 가장 의지했던 연인 데니스가 비행기 사고로 목숨을 잃는 슬픔도 겪게 되죠. 슬픔과 경제적 압박을 견디지 못한 카렌은 당시 마흔여섯이던 1931년 케냐에서의 삶을 접고 덴마크로 떠납니다.

영화 〈아웃 오브 아프리카〉의 탄생

이후 카렌은 덴마크에서 글을 쓰기 시작했고 아홉 권의 소설을 발표합니다. 그중 두 편이 영화로 제작됐는데 가장 유명한 것이 1937년 발표한 『아웃 오브 아프리카』죠. 이 소설은 카렌이 나이로비를 떠난 지 6년 만에 완성을 했는데요. 소설의 발표와 영화 제작 사이에는 48년 정도의 시간 차이가 있습니다. 출간 당시 소설이 인기가 있었음에도 불구하고, 시간이 흐르면서 점점 카렌의 삶과 케나 나이로비의 이야기는 잊혀지던 중이었는데요. 1985년, 카렌의 삶은 뜻밖의 전환을 맞게 되죠.

바로 영화사 '미라지 엔터프라이즈'가 시드니 폴락 감독에게 이 영화를 함께 만들자고 의뢰한 건데요. 당시 시드니 폴락은 영화 제작의 어려움을 예상하고 몇 번이나 거절을 하기도 했죠.

우여곡절 끝에 시드니 폴락 감독의 수락으로 촬영이 시작되긴 했지만 당시 배우와 스태프들의 고생은 정말 엄청났다고 합니다. 영화의 모든 장소는 세트를 세운 것이 아니라, 진짜 카렌이 살았던 집과 나이로비 국립공원, 세렝게티에서 현장 촬영을 했으니까요. 이런 고생 끝에 개봉이 된 영화는 전 세계적으로 정말 큰 성공을 거둡니다. 그와 동시에 카렌의 삶뿐만 아니라 케냐와 나이로비, 그리고 야생의 초원 세렝게티에 대한 세계적인 관심이 집중되는 계기가 되었죠.

그런데 이런 관심은 의외의 문제를 낳기도 합니다. 아직 준비가 되지 않은 나이로비와 영화 속에서 카렌과 데니스가 경비행기로 날아다닌 초원, 세렝게티로 관광객이 몰려들면서 몸살을 앓게 된 거죠. 이에 따라 케냐 정부에서는 카렌과 나이로비, 세렝게티의 개방을 위해 국가적으로 관광계획을 세웠고, 다음 해인 1986년부터 카렌의 집을 포함한 케냐의 자연 관광을 열게 됩니다.

카렌이 살았던 방갈로 형태의 주택, 카렌 뮤지엄

영화를 통해서도 볼 수 있지만, 카렌이 살았던 집은 그 양식이 독특합니다. 이런 집을 식민시대에 영국령에서 유행했던 방갈로Bungalo라고 부르는데요. 방갈로는 원래 '인도 벵갈지역'이라는 의미로, 영국인들이 변형시킨 인도식 주거 형태를 가리키는 말로도 쓰이죠. 건축 형태로 보면 방갈로는 단층으로 지붕이 하나의 꼭지점에서 내려가도록 텐트처럼 만들고, 집 주변에 넓은 베란다를 구성하는 게 큰 특징입니다.

이 집이 지어진 시점은 1912년으로 스웨덴 건축가 아케 쇼그렌Ake Sjogren이 설계와 시공을 하였고, 이걸 카렌과 남편이 1917년에 구입을 합니다. 1921년 두 사람이 이혼하면서 카렌이 이 집의 단독 소유자가 되죠. 하지만 1931년 카렌이 케냐를 떠나면서 이 집과 농장 일부를 지인이었던 레미 마틴에게 팝니다. 이후 이 집은 소유주가 1935년 영국 군부대로 바뀌었다가 다시 덴마크 군부대로 바뀌죠. 그리고 최종적으로는 덴마크 정부가 1964년 케냐가 영국으로부터 독립한 것을 기념해 선물로 이 집을 돌려주어서 지금까지도 케냐 정부가 관리를 하고 있습니다. 현재는 케냐 국립미술관 산하의 카렌 미술관으로 운영 중인데, 당시 카렌이 썼던 가구와 벽지, 그녀가 그린 그림이 당시 모습으로 복원되어 관람이 가능합니다.

1963년 케냐 정부는 카렌의 삶을 기리기 위해 그녀가 살았던 곳과 농장 주변의 지역을 그녀의 이름을 따서 '카렌' 지구로 이름을 붙입니다. 나이로비 사람들이 카렌을 기억하는 이유는 영화의 흥행에 따른 관광효과의 기대도 분명 있을 테지만 실은 식민시대의 원치 않았던 점령자이자, 낯선 이방인이었지만, 그곳에서 카렌이 보여준 '사람과 사람으로의 소통'이었다고 보고 있죠. 가장 단순하고 기본적인 덕목이지만 우리가 잊고 살아 문제가 생기는 그 의미를 카렌 뮤지엄은 아직도 잘 기억하는 중입니다.

HISTORY

광화문, 서울, 대한민국

대한성공회 서울대성당, 서울, 대한민국

창덕궁 후원, 서울, 대한민국

카르나크 신전, 룩소르, 이집트

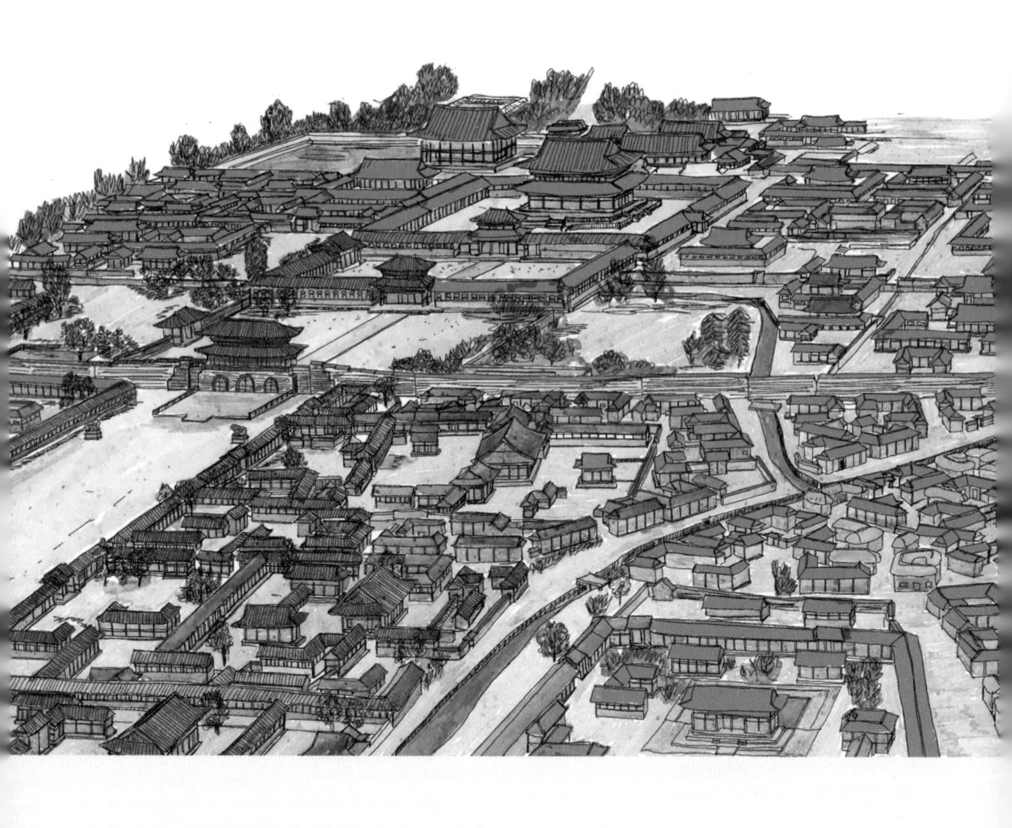

“지금은 사라져버린 거리. 조선왕조의 기틀이, 신하가 중심이 되어 백성을 잘 돌보는 관료정치였음을 가장 잘 말해주는 곳. 광화문 광장으로만 남겨진 이곳에서 조선왕조의 깊은 정치철학을 느껴볼 수 있다.”

유학 관료들의 이상향을 품은 길의 기억

· 광화문 육조거리(광화문 광장거리) ·

조선왕조, 관료정치를 꿈꾸며 태어나다

역사적으로 한 왕조가 600년을 지속한 경우는 세계사에서도 그 사례를 찾아보기 어렵습니다. 게다가 한 왕조의 도읍지를 600년 이상 지속한 도시는 더욱 드물고요. 그런데 그런 도시가 바로 한양, 지금의 우리 서울입니다. 그렇다면 살짝 궁금해지는 부분이 있습니다. 이런 깊은 역사를 지닌 서울엔 왜 다른 나라 도시엔 남아 있는 오래된 전통 도시의 모습이 사라져버렸을까요? 그 이유를 알려면 어쩌면 조금은 안타까운 지금의 우리 서울의 역사를 되돌아보는 것도 좋을 듯합니다.

> "경복궁이 을미년 이후로 참혹히 됨은 모두 아는 바나,
> 궁내부에서는 그 궁전 4천여 간을 방매, 훼철하고,
> 큰 공원을 건축할 차로 본 월 9일과 10일에 경매하였다."

1910년 5월, 경복궁의 전각들이 경매로 팔렸다는 참담한 내용을 담은《대한매일신보》의 기사내용입니다.

혹시 경복궁을 방문한 분들 가운데, 왠지 이궁인 창덕궁보다 법궁인 이곳이 오히려 썰렁하고 규모도 작다고 생각했다면 당연한 일입니다. 그게 우리가 오늘 궁금해야 할 부분이기도 해요. 왜냐하면 지금 경복궁의 모습은 1868년, 흥선대원군이 고종 5년에 중건한 경복궁 가운데 10분의 1도 남아 있지 않으니까요. 그때의 경복궁은 14만 평의 부지에, 궁성 둘레만 3킬로미터, 500여 개의 전각이 있던, 지금과는 비교도 안 되는 어머어마한 대궐이었습니다.

하지만 경복궁이 초라해진 것은 정말 순식간이었습니다. 1895년 10월 8일 '명성황후 시해사건' 뒤, 고종이 러시아공사관으로 피신을 하면서 경복궁을 비우면서부터였죠. 일제는 강제로 경복궁의 소유권을 찬탈했고, 경매로 뜯어서 팔기 시작했습니다. 그중에는 왕들의 용안을 모신 사당 '신원전'을 뜯어 장충동에 지은 이토히로부미를 위한 사찰 '박문사'의 창고를 짓는 데 쓰여지기도 했죠.

그리고 1926년에는 끝내 경복궁 본전 앞에 5층 르네상스 건물의 조선총독부를 짓습니다. 그리고 이듬해 경복궁의 대문인 광화문마저도 뜯어내 건춘문으로 이동시킵니다.

사실 경복궁도 사라진 마당에 대문인 '광화문' 정도는 큰 의미가 아닐 수도 있겠죠. 하지만 이 사건은 정말 큰 축이 흔들리는 일이었습니다. 그건 바로 광화문 앞으로 쭉 뻗은 대로, 폭 50미터, 길이 130미터에 달하는 일종의 광장, 지금은 '세종로'로 불리는 곳에 조선시대 행정을 담당하던 육조가 있었는데, 이 육조가 파괴되기 시작했으니까요. 하지만 이것으로 끝난 것이 아니라 한국전쟁을 치르며 훗날 더 많은 훼손과 파괴가 있었다는 것도 가슴 아픈 일이 아닐 수 없죠. 그리고 더 심각하게는 전쟁 후 도시복원을 하는 과정에서 이 역사적 기억을 잘 간직했어야 함을 우리 스스로 놓쳤다는 것이죠.

유학자들의 이상향을 담은 육조거리

그렇다면 조선왕조시대 당시의 한양에서 광화문과 이 육조거리는 왜 중요했을까요? 경복궁은 태조에 의해 창건되었고, 1592년 임진왜란에 불탄 후 약 270년 동안 폐허 상태였습니다. 상식적으로 전쟁이 끝난 후 궁궐부터 다시 지을 법한데 당시 광해군은 경복궁이 아니라 이 육조거리부터 재건합니다. 이유는 궁궐보다 나라를 돌봐야 하는 행정부처의 재건을 더 중요하다고 판단했기 때문이었죠.

그렇다면 육조는 정확하게 무엇을 말하는 걸까요? 육조는 이 거리에 있던 관청들을 통칭하는 말인데요. 궁궐을 바라보고 궁궐과 가까운 오른쪽부터 육조보다 상위 기관인 '의정부'가 있었고요. 그 아래로 인사를 관장하던 '이조', 외교와 의례를 담당하던 '예조', 나라의 살림살이를 했던 '호조', 그리고 한양 행정처 '한성부'가 있었습니다. 왼쪽으로는 궁궐의 호위하는 '삼군부'와 '중추부', 그 밑으로는 감찰과 조사를 담당했던 '사헌부', 국방을 담당했던 '병조', 소송과 재판을 담당했던 '형조', 산림과 토목을 담당했던 '공조'가 있었고요.

사실 이 길에 정확한 이름은 기록상 남아 있지 않습니다. 백성들에 의해서 육조가 모여 있다고 해서 '육조길', 관아가 늘어서 있다고 해서 '관아길', 혹은 광화문 앞이라는 의미로 '광화문 앞길' 정도로 불렸던 것이죠. 그러다 근대에 들어서는 '세종대왕'의 묘호명을 따서 '세종로'로 정식 명칭을 주게 됩니다.

그런데 경복궁을 포함해 이 육조거리는 사실 정도전을 포함한 태조 시대 유학자들의 이상향이 그대로 반영된 아주 중요한 곳인데요.

궁궐을 중심으로 왼쪽에는 종묘를 배치하고,

오른쪽에는 사직을 조성한다.

궁궐 앞에는 관아를 배치하고, 그 뒤에 시장을 조성한다.

1394년 쓰인 '신궐조성도감新闕造成都監'에 적힌 내용입니다. 내용을 보면 정도전이 도시 자체의 설계와 육조거리의 위치와 역할까지도 아주 분명하게 계획했다는 걸 알 수 있죠. 정도전은 '정치는 왕 한 사람에 의해서가 아니라, 백성을 대표하는 신하들의 집단 지성을 통해 이뤄져야 한다'고 봤기 때문에 관료들의 일터인 이 육조를 바로 궁궐 앞, 임금님이 수시로 드나드는 길목에 둔 것이죠.

당시 이 육조에서 일하는 관료들은 지위가 높았던 '당상관'과 그보다 낮은 '당하관'으로 구별되었고, 이들을 돕는 '서리', '사령'들로 구성이 되었습니다. 이들의 하루는 '묘사유파卯仕酉罷'였다고 하는데요. 즉, 오전 5시에서 7시 사이인 '묘시에 출근'을 하고, 오후 5시에서 7시 사이인 '유시에 퇴근'을 하는 12시간 근무의 상당히 빡빡한 삶이었던 거죠.

옷차림은 평상복에 관직을 상징하는 단령, 각대를 차고, 검정색 사모를 쓰고 다녔고요. 지금의 출근부 같은 '공좌부'도 있었습니다. 또 일이 끝나면 술을 마시는 문화가 정착돼, 육조거리 인근에 술집과 맛집이 조선중기와 후기에 엄청 늘어납니다. 술을 너무 많이 마셔 다음 날 업무에 지장을 줄 때도 많아서 영조는 이 육조거리에 금주령을 더욱 강화했을 정도였고요.

사실 이 육조거리는 나중에 커진 것이 아니라 이미 1395년 경복궁과 육조거리가 완성됐을 때부터 길 폭이 50여 미터에 이를 정도로 컸습니다. 바로 이 크기가 이곳이 단순한 길이 아니었다는 걸 짐작하게 합니다. 바로 만인이 신분의 차별 없이 머물 수 있는 '광장'이었던 것이죠.

육조거리의 수난과 광화문의 어긋남

줄처럼 곧은 긴 거리가 넓고
별처럼 둘러싼 여러 관청이 나뉘어 있네.
궁궐 문으로 관리들이 구름처럼 모이는데
훌륭한 선비들이 밝은 임금을 보좌하네.
거리에 행차소리 서로 들리니
퇴근 때라 매우 분주하구나.

1400년대에 쓴 권근의 시에서도 육조거리 풍경이 그대로 느껴지는데요. 이 거리는 명실공히 조선왕조 600년 동안, 가장 활발한 정치, 경제, 사회의 중심지였던 거죠. 그런데 이제 다시 좀 슬픈 근대사로 돌아가보면, 광화문과 육조거리는 20세기 이르러 수난이 끊이질 않았습니다. 1915년, 일제는 8년 목표로 조선총독부 설계에 들어갑니다. 바로 경복궁을 완전히 가리는 초입부에 조선총독부 건물을 짓기로 한 건데요. 그런데 이때 궁과 광화문 육조거리로 이어지는 일직선 축을 웬일인지 일제는 방향을 틀어, 총독부 건물을 삐딱하게 앉힙니다.

바로 이 축이 틀어진 이유는 총독부의 건물이 남산을 일직선으로 보게 하기 위해서였다는 설이 있죠. 이 남산엔 이미 1912년부터 조성한 조선신사, 나중에는 '조선신궁'으로 이름을 바꾼 일본신사가 있었거든요. 원래 이곳은 단군 시조를 모신 곳이었는데, 이걸 일본신을 모시는 곳으로 바꾼 건데요. 게다가 이 신궁에는 일본의 건국신화 인물인 아마테라스 오미카미 신과 한일합방을 이뤄내고 1912년에 죽은 메이지 왕이 모셔져 있었죠. 그리고 이 신궁은 1945년 해방이 될 때까지도 존재했습니다.

지금 남산에 이 신궁이 남아 있지 않은 건, 1945년 8월 15일 광복 후, 일제 스스로가 파괴를 했기 때문입니다. 그때의 신궁 자리에 한때는 남산식물원이, 지금은 도서관 건물이 들어서 있는데요. 하지만 흔적이 완전히 사라진 건 아닙니다. 지금도 가끔 드라마에서 등장하는 가파른 남산 계단이 보일 때가 있습니다. 계단에서 연인들이 가위바위보 놀이를 하는 장면도 나오는데, 바로 이곳이 3,841개에 달했던 신궁으로 가던 계단 중 111개가 남은 흔적입니다.

다시 시민의 광장으로!

1945년 8월 15일, 광복과 함께 모든 것이 제자리로 돌아갈 줄 알았지만 우리 현실은 그렇지 못했습니다. 영원히 돌이킬 수 없는 일들도 있었고요. 사실 1995년까지도 경복궁 앞에는 일제가 남긴 조선총독부가 '중앙청'이라는 이름으로 여전히 자리잡고 있었죠.

또 '건춘문'으로 이동한 광화문도 한국전쟁에 불 탄 걸 1968년에 재건했지만, 콘크리트로 지은 데다 원래 축도 찾지 못하고, 조선총독부 건물 방향에 맞추어 어설프게 복원을 하기도 했고요.

광화문이 드디어 원래 자리로 복원된 때는 2006년입니다. 다행히도 땅을 파보니 30센티미터 아래에서 바로 고종 때 재건한 광화문 석조가 나타났고. 그 밑 70센티미터에서는 태조 때 석축도 발견됐죠. 하지만, 육조거리는 회복이 불가능해집니다. 1960년대 말에서 70년대 초, 이 육조길은 양쪽으로 30미터, 20미터로 확장되면서, 100미터 폭의 10차선 차량도로가 돼버렸습니다. 이때를 기점으로 육조거리의 흔적은 완벽하게 사라져버렸죠.

하지만 2009년부터 이 광화문 광장에 대한 논의가 다시 이어졌습니다. 사실 왜 자꾸 '광화문 타령'이냐는 의견도 있고, 반드시 찾아야 할 '문화유산'이라는 의견도 팽팽하게 이어졌죠. 이런 논란

속에 2022년 새롭게 단장한 세종로 광장이 선을 보였는데요. 우선 가장 달라진 점은 세종문화회관 쪽으로 찻길을 없애 옛 광장의 의미를 되찾았다는 것이죠. 그러나 그럼에도 불구하고 형태적으로는 옛 육조거리의 복원과는 다소 차이가 있을 수밖에 없습니다.

다행스러운 것은 공사 중에 옛 육조의 일부 건물터가 발굴됐다는 것인데요. 역사의 흔적은 그 과거 자체가 중요한 것이 아니라, 그 과거 속에 그 당시를 살았던 현재의 모습이 있고, 그때의 기억을 통해 우리가 가야 할 미래의 좌표를 만들 수 있기 때문일 거예요. 깊고 깊은 600년 기억을 품고 있는 광화문과 육조거리는 다시 또 우리의 미래를 지켜보겠죠. 거기에 남길 우리의 미래는 또 어떤 기억이 될지……

"벽안의 영국인들이 설계한 한국 전통을 반영한
로마네스크 양식의 성당.
유럽식 성당에 한옥의 아름다움이 담긴 곳."

로마네스크와 한국전통의 기억

· 대한성공회 서울대성당 ·

한국의 가장 아름다운 건축물 100선

"대한성공회 서울대성당은 수직이 아닌 수평과 곡선의 힘이다."

건축평론가 이용재는 정동에 위치한 대한성공회 서울대성당을 이렇게 분석했습니다. 1988년 건축가 100명이 뽑은 '한국의 가장 아름다운 건축'에 바로 이 서울대성당이 선정되었죠.

서울 지하철 1호선 시청역에서 내려 2번 출구로 나와서 남쪽으로 내려가다 우회전을 하면, 우리가 아주 잘 알고 있는 '덕수궁 돌

담길'이 나옵니다. 그런데 3번 출구로 나와 반대인 북쪽으로 조금 가다가 좌회전을 하면 나타나는 작은 골목에 매우 이국적인 건물이 하나 보이죠. 바로 로마네스크 바실리카 양식의 성당 건물입니다. 상당히 높은 첨탑을 지닌 건물이지만, 이곳은 한동안 시청역과 그 앞 도로에서도 보이질 않았어요. 그건 바로 1937년, 일제 강점기 시기에 지어진 서울지방국세청 남대문 별관 건물이 이곳의 전경을 완전히 막고 있었기 때문이었죠. 때문에 이 아름다운 성당의 경관을 가리는 국세청 남대문 별관 건물을 두고, '건물의 높이를 낮춰야 한다', '아예 없애자' 등의 논의가 계속되었습니다. 그러다가 결국 2015년 5월 경관을 확보하기 위해 별관 건물이 헐립니다. 그리고 지금 그 자리에 단층 건물인 서울도시건축전시관이 들어서면서 대한성공회 서울대성당은 드디어 광화문, 시청, 정동에서도 우람하고 뚜렷하게 보이는 서울의 랜드마크로 다시 자리잡게 되었죠.

그렇다면 이 이국적인 건물을 우리의 건축가 100인이 한국의 아름다운 건축물로 뽑은 이유는 무엇일까요? 그 이유를 알기 위해선 우선 이 건물의 양식이 로마네스크라는 것부터 이해를 해야 할 것 같아요. 로마네스크는 11세기 서유럽에서 형성된 건축양식으로 주로 그리스도교의 종교 건물로 발전됩니다. 이 로마네스크와 많이 비교되는 양식이 바로 로마네스크에 이어 출현한 고딕 양식이죠.

우리나라에서 예를 찾자면, 대한성공회의 서울대성당이 로마네스크 양식이고, 명동성당은 바로 고딕 양식입니다. 건물의 특징을 좀 더 직접적으로 비교하면, 로마네스크는 건물의 전체 느낌이 웅장하고, 조금은 둔탁해 보이는 벽체가 등장하고, 반원형의 아치가 반복되는 것이 가장 큰 특징입니다. 이에 반해 고딕은 로마네스크보다 첨탑과 박공이 뾰족하고 아주 화려합니다. 우리나라에서는 초창기 명동성당이 '뾰족한 집'으로 불렸던 이유도 여기에 있고요. 고딕양식 건물들은 창문도 로마네스크 양식보다 훨씬 크고, 여기에 장식된 스테인드글라스도 화려해서 건물 전체가 매우 화사하고 밝습니다.

로마네스크에 한국 전통이 스며들다

그런데 좀 이상한 점은 1892년에 착공한 명동성당보다 늦은 1922년에 착공한 대한성공회 서울대성당이 왜 후기 형태인 고딕이 아닌, 고전적 느낌의 로마네스크 양식으로 지어졌느냐는 점입니다. 이건 바로 이 건물을 설계한 영국 건축가, 아서 딕슨Arthur Dixon, 1856~1929 때문인데요. 당시 상황을 보면요. 이 성당의 설계를 의뢰한 사람은 3대 주교였던 마크 트롤로프Mark Trollope, 1862~1930였어요. 그가 원래 아서 딕슨에게 성당을 의뢰했을 때 '명동성당을 능가할 만큼 화려한 고딕 양식의 성당'을 지어달라고 했습니다. 하지만 딕슨은 트롤로프 주교를 설득했죠.

"고딕보다는 덕수궁 터의 스카이라인에 더 잘 어울리고,
서양 초대 교회의 순수함과 단순함을 담은
로마네스크 양식이 적합합니다."

1927년, 한국을 방문한 딕슨은 당시 건축 잡지와의 인터뷰에서 자신이 이렇게 트롤로프 주교를 설득했다고 설명했는데요. 그런데 딕슨의 이런 견해는 개인의 취향이라기보다는 당시 영국 사회에 불고 있던 '아트 앤 크래프트 운동Arts and Crafts Movement'에서 그 뿌리를 찾아볼 수 있습니다. 사실 건물의 설계를 의뢰한 트롤로프 주교, 또 건물을 설계한 딕슨 모두 영국 옥스퍼드 대학 출신인데요. 이 당시 영국은 옥스퍼드 대학 출신의 윌리엄 모리스와 러스킨에 의해, '기계에 의한 대량생산을 거부하고, 손으로 직접 만드는 공예예술로 돌아가자'는 아트 앤 크래프트 운동이 문화를 주도하고 있을 때였어요. 건축가 딕슨은 모리스, 러스킨과 절친한 사이로 이 공예 복원 운동에 빠져 있었고요. 그러니 고딕보다는 좀 더 복고적이면서도, 재료 측면에서도 수제 벽돌을 하나하나 공들여 쌓아올리는 좀 더 공예적인 감각을 요하는 로마네스크 기법의 성당 건축을 더 선호한 것이죠.

이 성당의 공식 이름은 대한성공회 서울대성당입니다. '서울대성당'의 의미는 주교의 의자가 있는 성당, 즉 서울에 있는 본당이

라는 의미입니다. 이걸 흔히 줄여서 대한성공회 서울대성당으로도 부르죠.

이제 성당 건축으로 깊게 들어가볼게요. 고딕을 선호했지만 건축가 딕슨의 설득으로 로마네스크로 양식을 받아들인 3대 주교, 트롤로프는 여기에서 한 가지 더 중요한 요소를 추가합니다. 바로 한국적 전통 건축의 아름다움인데요. 사실 그는 정동 대성당을 짓기 전인 1896년, 1대 주교였던 찰스 코프Charles Corfe가 주도했던 우리나라 최초의 한옥 성당 '강화읍 성당' 건립에 중추적인 역할을 했어요. 그리고 주교가 된 이후에는 직접 두 번째 한옥 성당인 '온수리 성당'을 지었고요. 이 두 한옥 성당의 내부는 유럽 전통의 종교건물 양식인 바실리카 형태지만, 외관은 불교 사찰을 그대로 가져와서 정말 독특합니다.

이런 그의 한국 전통 건축에 대한 이해와 사랑은 서울대성당 건축에서 더욱 깊어지고 세련돼졌습니다. 서울대성당의 기와는 주황과 회색인데요. 이 회색이 바로 우리 전통의 기와를 그대로 쓴 겁니다. 처마에는 서까래를 연상시키는 시멘트 장식을 넣었고요. 또 외부만이 아니라 내부의 장식도 한국 전통이 잘 녹아 있죠. 일단 가장 눈에 띄는 건, 바로 우리나라 '배흘림 기둥'을 본 따 가운데가 불룩하고, 위아래는 좁아지는 12개의 기둥입니다. 더불어 스테인드글라스의 창문에 연출된 문양이 바로, 우리 전통의 창호지 창살이죠.

미완성 성당의 완결을 위해

그렇다면 1대 주교인 코프를 비롯해 트롤로프 주교까지 대한성공회가 이렇게 한국 문화를 적극적으로 수용한 이유가 분명 있을 것 같습니다. 그건 바로 대한성공회가 로마 가톨릭에 반발해 영국에서 새롭게 탄생한 종파라는 점, 그리고 당시 영국이 아트 앤 크래프트 운동의 자생지였다는 점에 그 이유가 있을 것 같아요.

영국성공회Anganglian communion는 1534년, 당시 국왕이었던 헨리 8세가 로마 교황청으로부터 독립을 선언하면서 새로운 종파로 탄생했는데요. 그러나 이때 분리의 원인이 교리의 갈등보다는 정치적인 이슈였기 때문에 사실 예배 등의 형식은 가톨릭과 거의 같습니다. 대신 교리나 설법의 내용이 상당히 진보적인 개혁교회의 모습을 지니고 있죠.

때문에 교파의 성격이 반영돼, 파견 선교사 역시도 그 나라의 민족성과 전통을 존중하면서 융합하려는 진보적인 경향이 강했습니다. 더불어 여기에 하나 더! 당시 딕슨이 구사했던 로마네스크는 일종의 네오로마네스크로 흔히 '비잔틴 로마네크스'로 불리거든요.

비잔틴은 5세기경, 로마제국의 세력이 약해지면서 오스만제국과 통합으로 일어난 동로마제국을 말하는데요. 당시 수도인 콘스탄티노플, 지금의 이스탄불을 중심으로 서유럽의 가톨릭 문화와 이슬람문화가 정치, 사회, 문화, 종교적으로 융합돼 1453년까지 이어진 아주 찬란했던 융합 문화시대거든요.

결론적으로 이 대한성공회 서울대성당은 영국성공회라는 진보적인 성향, 그리고 당시 영국의 복고 문화를 대변하던 설계자의 색깔이 더해지면서 매우 이국적인 건축물 속에 우리 전통 문화가 섞이는 융합이 일어난 겁니다.

그런데 1922년에 착공된 서울대성당은 자금의 문제가 생기면서 원래 딕슨의 디자인인 십자형의 건물에서 양 날개 부분이 완성되지 못하고, 결국 일자형으로 1926년 준공이 됩니다. 그리고 안타깝게도 70년이 넘도록 성당은 미완성이었죠.

그러다 1993년, 드디어 완성을 위한 여정이 시작됐어요. 대한성공회가 '광장건축'의 대표 건축가 김원에게 이 미완성 성당의 완결을 의뢰한 거죠. 하지만 이때 다시 문제가 생깁니다. 바로 딕슨의 원본 설계도가 분실되어, 사실상 원래대로의 건축은 불가능한 상황이 된 것입니다. 하지만 한 영국인 여행가가 김원에게 영국 '렉싱턴 도서관'에서 이 서울대성당의 설계 도면을 본 것 같다는 이야기를 전합니다. 결국 김원과 관계자들이 영국까지 건너가 원본을 복사해 오면서 성당은 본격적인 복원 작업을 시작할 수 있게 된거죠.

공사 시간 중, 시공팀은 원래 있던 건물과의 70년 세월의 흔적을 줄이기 위해 직접 강화도의 흙으로 붉은 벽돌을 구워 비슷한 색을 연출하는 등 공들여 작업을 했습니다. 덕분에 덧붙여진 십자의 날개 부분과 이미 완성된 본채 사이에 세월의 흔적이 그리 많이 느껴지지 않게 되었고요.

사실 세계 많은 종교 건물들이 수십 년 혹은 수백 년 동안 지어지기도 합니다. 이렇게 지어진 건축물에서는 굳이 말하지 않아도 깊게 배어 있는 세월의 흔적과 과거와 현재가 교집합처럼 교차되는 묘한 '시공간의 만남'을 느끼게 되죠. 복잡다단한 역사를 지닌 정동 길에서 만나는 이 대한성공회 서울대성당에서 이런 깊은 시간과의 만남, 문화, 종교의 융합과 어우러짐을 한번 만나보면 어떨까요?

600년 도시, 서울의 정원기행

많은 변화가 있긴 했지만 서울은 600년 조선왕조의 도읍지로서 지금도 굳건하게 남아 있는 유산이 많다. 그중 정원을 관람할 수 있는 곳도 있어서 주말 혹은 짧은 일정으로 빌딩숲 속 깊은 고요함과 평화를 느낄 수 있는 정원을 돌아볼 수 있다.

추천 경로

경복궁→청계천로→종묘→창덕궁→낙산성곽길

걸어서 갈 경우는 경복궁과 청계천로 혹은 종묘와 창덕궁, 낙산 성곽길로 짧게 잡아보는 것도 좋다. 버스나 전철로 삼청동, 혜화동, 성북동 일대를 간다면 조선왕조 600년의 도읍지였던 한양의 흔적을 느껴볼 수 있다. 중간중간 맛집과 커피숍이 많아 잠시 쉬어가기 좋다.

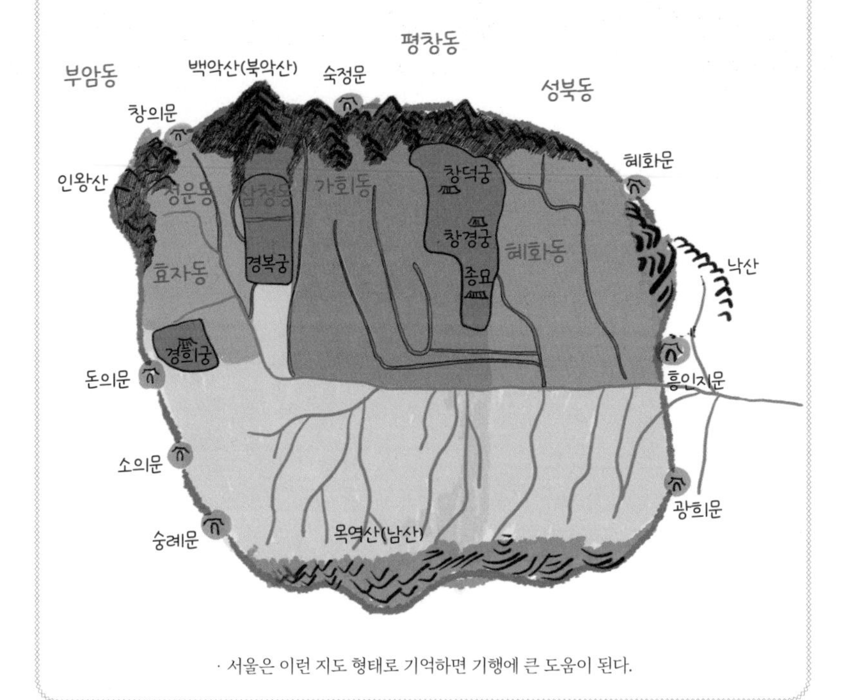

· 서울은 이런 지도 형태로 기억하면 기행에 큰 도움이 된다.

"조선왕조의 가장 완성도 있고 화려한 정원의 극치를
볼 수 있는 곳. 왕실이 가장 아끼고 사랑한 정원의 모습을
생생하게 만날 수 있다. 서울 도심 한복판에서!"

조선 600년 왕실의 켜켜로 쌓인 정원사랑의 기억

· 창덕궁 후원 ·

태종, 경복궁을 버리고 창덕궁을 짓다

"푸른 소나무와 붉은 단풍이

은은하게 장막을 두른 듯,

신선 세계에 들어선 것 같았다.

……

이날은 날씨가 맑았고,

미풍도 간간히 불었으며,

지나온 소나무 숲은 푸르고 울창하였다.

시원한 소리와 짙은 그늘이

사람의 정신을 맑고 상쾌하게 하여

분주하게 오르내린 수고로움을 잊게 해주었다."

1781년 9월 3일, 표암 강세황姜世晃이 정조의 안내를 받아 창덕궁 후원을 구경한 뒤 남긴 「호가유금원기扈駕遊禁苑記」의 글 일부입니다.

창덕궁 후원을 만든 이는 조선의 세 번째 왕 태종이지만 이 후원을 가장 번성시키고, 완성한 임금은 정조로 보고 있죠. 정조는 재위 16년에 '내각상조회'를 만들어, 강세황뿐만 아니라 나라에 공덕이 있는 이들에게 창덕궁 후원을 유람하게 하는 일을 정례화시킨 왕이기도 합니다.

그렇다면 역대 조선의 왕들에게 사랑받았던 이 아름다운 후원을 담고 있는 궁, 창덕궁의 이야기는 조선 개국으로부터 시작해보겠습니다.

1395년 조선을 연 이성계는 정궁 경복궁을 짓죠. 하지만 경복궁은 초기부터 파란에 휩싸입니다. 여섯 번째 아들이었던 이방원이 두 이복동생을 죽이는 처참한 일이 이곳에서 벌어진 거죠. 이 일은 이방원 자신에게 상처였습니다. 형을 내세워 2대왕 정종을 만든 뒤, 아픈 상처가 가득한 경복궁과 한양을 버리고, 다시 고려의 수도

개경으로 천도합니다. 하지만 마침내 형에 이어 공식적으로 3대 왕이 된 태종은 신하들의 압박에 못 이겨 다시 한양으로 돌아올 수밖에 없었죠. 하지만 태종은 이때 차마 경복궁을 들어가지 못한 채, 이궁인 창덕궁을 새롭게 짓습니다.

그리고 그때 태종은 창덕궁과 함께 북쪽에 6만 평에 달하는 후원을 함께 만들죠. '비원秘苑' 혹은 '궁원宮苑', '금원禁苑', '북원北苑' 등으로도 불렸던 이 '후원'이 조성된 때는 1406년인데요. 물론 그때의 모습은 지금과 매우 달랐습니다. 시간이 흐르고 전란에 휩싸이고 또 왕이 바뀌면서 수많은 첨삭이 일어났으니까요. 그래서 지금의 창덕궁과 후원의 모습은 조선 말 고종 때의 모습이라고 봐야 합니다.

창덕궁, 북악산의 정기를 내려받다

조선의 5대 궁궐 중에 특별히 창덕궁에 이런 유독 아름다운 정원이 자리할 수 있었던 이유는 무엇일까요? 그걸 이해하려면 우선 창덕궁의 독특한 배치부터 생각해봐야 할 것 같습니다.

정궁인 경복궁은 출입문, 왕의 집무실, 왕과 왕비의 처소가 일직선으로 배치된 매우 권위적인 형태로 지어졌습니다. 중국의 왕궁 배치 방식인 『주례』를 따른 거죠. 하지만 창덕궁은 매우 파격적인 디자인을 구사합니다. 대문인 돈화문敦化門에서 90도를 꺾어야 왕궁으로 진입하는 다리인 금천교禁川橋가 나오고, 다시 여기에서 왼쪽으로 돌아서면 인정전仁政殿이 보입니다. 게다가 더 특이한 것은 인정전 앞의 마당이 정확한 네모도 아닌 사다리꼴의 찌그러진 모습이라는 거죠.

창덕궁이 이토록 독특한 배치를 가진 이유는 바로 북악산의 자락인 응봉 기슭을 억지로 뚫거나 밀어내지 않고, 지형을 그대로 살려 건물을 배치했기 때문입니다. 그리고 바로 이 응봉의 산자락을 따라 창덕궁의 후원이 자리하고 있는 셈이죠.

현재 후원은 대략 6만 평 정도로, 2만 6천여 그루의 나무가 자라고 있습니다. 후원은 창덕궁 바로 옆, 창경궁과의 사잇길을 걷는 것으로 시작되죠. 구불거리는 길을 따라 걷다보면 드디어 첫 번째 못이 나타납니다. 지금은 '부용지 터'라고 부르는 곳인데, 1776년 김홍도가 그린 〈규장각〉을 보면, 원래 이곳에는 숙종 33년에 조성한 정자 탁수재가 있었습니다.

그런데 이때는 사각형의 못 안에 커다란 원형 섬과 정자인 탁수재를 연결하는 다리가 보이죠. 그런데 시간이 흘러, 조선 후기에 그려진 〈동궐도〉에서는 탁수재가 지금의 부용정으로 화려하게 변화되었고, 다리는 사라지고, 중앙에 섬도 작아진 게 보입니다. 대신 연못엔 배가 띄워져 있고요.

부용지가 이런 변화를 맞은 것은 바로 정조대왕 때문입니다.

정조는 왕권이 살아 있음을 강조하기 위해, 은밀한 왕실의 정원이었던 이곳을 학문을 연구하고 연회를 베푸는 등의 공적인 개방공간으로 변화시킵니다. 정조의 이런 확고한 뜻은, 부용지의 건너편 경사에 들어선 초기 규장각이었던 주합루와 서향각, 그리고 특별 과거 시험을 주관했던 정자 영화당이 모두 학문을 연구하고 인재를 뽑는 장소였다는 점에서 더욱 분명해지죠.

물의 정원, 창덕궁

창덕궁 후원의 정원 연출은 형태적으로는 전형적인 물의 정원입니다. 산에서 흘러내린 물이 후원 전체를 막힘없이 잘 흐르게 했고, 낮은 곳에 이르면 대형 연못과 그 옆에 건축적으로 빼어난 정자를 만들어 물과 함께 주위를 감상하도록 했으니까요.

그래서 동선으로만 보면 후원은 가장 낮은 지대인 부용지, 애련지, 옥류천, 그리고 돌아 나오는 길에 관람지를 보게 되지만, 위에서 아래로 물의 흐름에 따라 기억할 필요도 있습니다. 그런 의미에서 가장 높고 북쪽에 위치한 옥류천을 먼저 봐야 할 것 같은데요. 옥류천은 북악산 동쪽 응봉에서 발원한 뒤, 창덕궁 후원을 흘러 종묘를 지나 청계천으로 흘러갑니다. 1636년 인조는 이 옥류천에 샘을 파게 했죠. 그리고 이 물을 끌어올려 '소요암'이라는 바위로 떨어지게 하는 공사를 합니다.

“고개를 넘어 수백 걸음쯤 가니,
숲이 트여 눈앞이 환하였다.
바위 언덕과 소나무 숲 사이에
정자가 있었는데 소요정이었다.
바위 아래 평평한 반석은
둘레가 스무 걸음 정도였는데,
이곳에 샘물을 끌어들여 유상곡수를 만들었다.”

김홍도의 스승이었던 강세황이 쓴 「호가유금원기」 중 옥류천에 대한 기록을 다시 봤는데요. 소요암은 한 덩어리의 거대한 암석을 말합니다. 이 암석을 깎아 폭포를 만들고, 여기에 ‘U’ 형태로 물길을 파내, 흐르는 물에 술잔을 띄우고 시를 짓는 놀이인 ‘유상곡수연’을 즐긴 거죠.

창덕궁의 가장 깊은 북쪽에서 이렇게 시작된 옥류천의 물은 때론 땅속에 묻히기도 하지만 후원을 관통하며 흐르다 두 번째 저지대인 관람지에 다시 머뭅니다. 이 관람지는 연못 형태가 길쭉하면서 비정형적이죠. 호리병 모양이었다고도 하고, 한때는 한반도 모양이라 하여 ‘반도지半島池’라는 이름으로 불리기도 했고요.

후원의 연못 중 가장 뒤늦게 단장이 된 이곳은 1907년 고종

말, 순종 초에 완성된 것으로 보는데요. 여기에 아주 독특한 형태의 정자가 두 개 있습니다. 바로 이중구조의 지붕을 시닌 '존덕정'과 부채 형태의 '관람정'은 그냥 지나칠 수가 없죠. 그 외에도 이곳엔 할아버지 정조를 닮았다 하여 기대와 사랑을 한몸에 받았지만, 스물두 살에 단명한 효명세자가 독서를 하며 지냈다는 '폄우사', '승재정'도 있습니다.

숙종의 꿈을 담은 애련지

관람지를 지나, 조금 더 내려오면 애련지에 닿습니다. 이곳은 1692년 숙종의 지시로 만들었는데, "내 연꽃을 사랑함은 더러운 곳에 처하여도 맑고 깨끗하여 은연히 군자의 덕을 지녔기 때문이다"라는 중국 송나라 때 주돈이가 쓴 「애련설」을 인용해 이 연못의 이름을 붙였다고 하죠.

사실 창덕궁 후원의 아름다움을 제대로 보려면 며칠은 온전히 시간을 내야 합니다. 단순하게는 옥류천에서 시작된 물길을 따라, 그 물을 담아두는 못을 만들고 주변에 정자를 만들어 자연과 어우러진 경관을 일으킨 기법으로 요약할 수 있지만, 연못 주변에 늘어선 수도 없이 많은 정자들이 건축적으로 빼어난 것은 둘째치더라도 각기 다른 높낮이와 방향을 지니고 있어, 어디에서든 같은 풍경이 없고, 주변 자연을 그대로 따랐지만 다시 또 교묘하게 조율한 그 진미를 한 번에 짐작하기란 어렵기 때문입니다.

~~~~~~~~~~~~

유네스코의 보물, 창덕궁 후원

"창덕궁은 자연적인 산세와 지형을 그대로 살리기 위해
정형성에서 벗어나 자유롭게 건물을 배치해
건축과 조경을 하나의 환경으로 통일시킨 훌륭한 사례다."

1997년 창덕궁이 유네스코에 등재됐을 때 그 가치를 밝힌 부분입니다. 창덕궁 후원은 말 그대로 카메라에는 절대 담을 수 없는 자연의 '터' 자체가 주는 매력이 가득합니다. 우리나라 최고의 정원 디자인의 진수를 꼭 느껴보시기 바랍니다. 자연을 거스르지 않고, 자연과 함께 아름다움을 재창조했던 우리 민족 특유의 자연친화 사상이 바로 이 창덕궁 후원에 너무나 아름답게 잘 펼쳐져 있으니까요.
~~~~~~~~~~~~

한국 전통 정원 기행

전문가들은 한국의 전통 정원이 형태와 구성 면에서 완성된 시기를 조선 중기에서 후기로 넘어가는 16세기에서 18세기로 본다. 우리 정원은 매우 독특하게 산과 계곡의 끝자락에 정자를 만들어 사계절을 관망하는 이른바 '차경'이 매우 발달했다. 주거지와 떨어져 있기 때문에 이를 '별서정원'으로도 부른다. 우리나라 전통 정원의 또 다른 특징은 이를 만든 사람이 학문을 사랑한 선비들이었다는 점이다. 그래서 정원의 형태를 마냥 화려하게 꾸미기보다는 자연과 인간의 삶을 통찰하고 그 안에서 의미를 찾으려고 했던 '의경' 즉 뜻을 찾는 조성기법이 발달했다. 그래서 정원을 거닐면서 단순히 어떤 디자인일까, 어떤 배치를 했을까 생각하기보다 이 자리에 정자가 들어선 의미, 이 자리에 못과 식물을 심은 이유, 왜 이 자리였을까를 깊게 생각하며 관람한다면 보다 깊은 한국정원의 의미를 만날 수 있다.

추천 경로 | 담양 지역의 별서정원과 정자를 찾아보는 동선
면앙정→식영정→소쇄원→송광사 혹은 선암사

· 면앙정(1533년, 송순 건립): 이황을 비롯한 선비들이 학문을 논하며 후학을 길러낸 곳.
· 식영정(1630년, 임연 건립): 송강 정철의 〈성산별곡〉 탄생지로 추정.
· 송광사: 한국 불교 삼보 사찰 중 하나.
· 선암사: 한국 불교 태고종의 유일한 수행 총림.

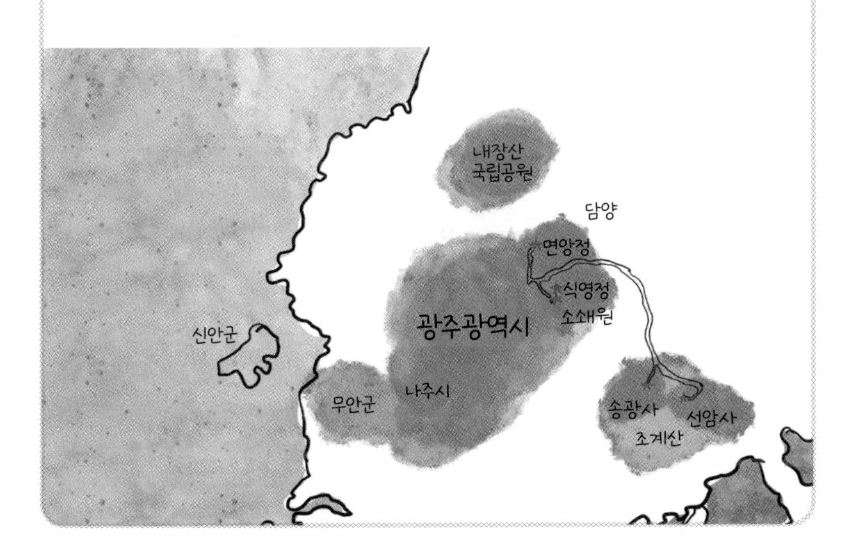

"상상을 초월하는 거대하고 웅장한 신전과 그 주변을 둘러싼
정원의 환경이 수천 년 전 시간으로 우리를 돌아가게 하는 곳.
정원 문화가 탄생한 곳 중 하나인 이곳에서 인류가 만든
정원이 '신'의 세계와 어떻게 만나고 있는지를 잘 느낄 수 있다."

고대 이집트인들이 쌓은 나일강의 기억

· 룩소르, 카르나크 신전 ·

사막과 나일강이 지켜낸 이집트 문명

"이집트는 나일강의 선물이다!"

기원전 4세기, 그리스의 철학자 헤로도토스[Herodotos, BC 484-425]의 말입니다. 사실 이 말은 이집트 문명이 나일강이라는 자연으로부터 얼마나 덕을 봤는지에 대한 그 부러움과 질투를 담은 표현인 건데요. 나일강을 위성지도로 검색해본다면 왜 헤로도토스가 이런 말을 했는지, 조금은 더 실감이 날 것도 같습니다.

나일강은 총 길이 6,000여 킬로미터로 아마존강과 함께 세계에서 가장 긴 강인데요. 우리가 늘 보는 지도는 구모양의 지구를 펼친 모습이어서, 나일강도 자칫 북쪽에 있는 이집트에서 남쪽인 수단, 에티오피아로 흘러가는 것으로 착각할 수 있지만 실제로는 그 반대예요. 발원지는 남쪽인 에티오피아 인근이고, 북으로 수단, 탄자니아, 케냐 등 무려 11개의 나라를 통과한 뒤, 최종적으로 하류인 이집트의 도시 카이로를 거쳐 지중해로 흘러갑니다. 그래서 6,000킬로미터가 넘는 강의 마지막 하류인 이집트는 나일강의 모습이 아주 선명하면서도 넓고, 여러 갈래로 흩어진 특유의 삼각지 형태를 띠고 있죠.

게다가 이집트의 나일강은 아주 독특하게 강폭이 좁으면서, 또 강의 양쪽이 모두 사막입니다. 그래서 배를 타고 강을 따라 가다 보면, 강 양쪽 주변으로만 아주 좁고 가늘게 초록의 띠가 자리 잡고 있고 그 바로 뒤로는 허허벌판 사막이라, 그 느낌이 정말 독특하고 인상적입니다. 바로 이집트는 이 좁고 긴 나일강 주변을 벗어나지 못한 채, 강을 따라 도시와 문명이 발달할 수밖에 없었기에 강 주변으로 신전과 도시가 늘어서 있는 것이죠.

그러나 이런 상황은 당연히 문제가 생길 수밖에 없었어요. 수천 킬로미터의 강은 상류에서 조금만 비가 내려도, 그 물이 모두 합쳐져서 하류로 내려오기 때문에, 이집트의 나일강은 늘 범람이 일었고, 이게 주기적으로 반복됐으니까요. 그래서 나일강의 계절은 흔히 세 개가 있다고 하죠. 하나는 '아케트Akhet', 즉 강의 범람시기로 '죽음'을 의미해서 아무것도 없음을 상징하고, 두 번째는 '페레트Peret', 파종의 시기를 말합니다. 세 번째는 '쉐무Shemu', '수확'의 시기를 뜻하죠.

헤로도토스가 말한 이집트가 나일강의 선물인 이유는 바로 이집트가 이런 나일강의 규칙적인 범람 덕에, 사막 기후임에도 불구하고 비옥한 땅이 매년 만들어져 어떤 지역보다 농사가 잘되었다는 데 있어요. 또 나일강이라는 막대한 수산자원과 강 주변 돌을 포함한 광물이 많아서, 경제적으로 풍요로움을 안겨주었죠.

만약 이렇게 풍요로운 곳이라면 역사적으로 인근 나라들로부터 침입이 많을 수밖에 없는데요. 고대 이집트 문명은 이 위험 요소마저도 사막에 둘러싸인 천연의 요새 덕분에 잘 지켜질 수 있었습니다. 여러 요인으로 인해 3,000년 전 고대 이집트인들은 자연환경의 덕을 보며 찬란했던 문명을 쌓아 올릴 수 있었죠.

'럭셔리'의 어원이 된 고대 도시 룩소르

긴 나일강을 따라 들어선 수많은 신전이 정말 다 엄청나지만, 그중에서도 규모나 화려함에 있어 가장 압권은 바로 '카르나크 신전'입니다. 이 신전이 있었던 도시가 '테베'인데요. 지금은 테베라고 부르지 않고 '룩소르'라고 부릅니다. 이곳은 좀 더 하구에 위치해서 지금의 이집트 수도, 카이로로부터 670킬로미터 떨어진 곳에 형성된 고대 도시입니다. 지금의 이름, 룩소르는 훗날 이곳에 고대 유물이 발견될 당시 수많은 궁전과 신전이 모래 곳곳에서 발굴되었기 때문에 '이곳에 궁전이 가득하다'라는 뜻에서 붙여진 이름이고요.

바로 이 도시 룩소르에는 거대한 두 개의 신전이 있습니다. 그 하나가 '카르나크'이고, 다른 하나가 도시 이름과 똑같은 룩소르 신전이죠. 두 신전은 약 3킬로미터 정도 떨어져 있고, 길도 곧게 뻗은 직선으로 이어져 있어서 지금도 많은 관광객들이 두 신전을 걸어서 관람하기도 합니다.

테베라고 불렸던 그 시절의 이 도시는 이 두 개의 신전을 중심에 두고 정치, 상업이 고도로 발달했는데요. 지금은 모든 게 폐허 상태이지만, 당시 모습으로 재현된 모형이나 도면을 보면 도시의 규모가 얼마나 대단했는지를 한눈에 알 수 있죠. 오죽하면 훗날, 영어의 '사치스럽다, 호화롭다'는 뜻이 '룩소르 같다'라는 말에서 변형되어 '럭셔리luxury'가 됐다는 설도 있으니까요.

나일강의 동과 서, 삶과 죽음으로 갈라지다

사실 고대 이집트인들은 자신의 터전인 나일강을 정확하게 동쪽과

서쪽으로 구별을 했어요. 서쪽은 해가 지는 곳으로 '죽음'의 장소로 보았고, 동쪽은 '살아 있는 자의 생활권'으로 본 것이죠. 그래서 동쪽의 생활 터전에 도시를 세웠고, 이 건너편에는 우리에게도 잘 알려진 투탕카멘의 무덤을 포함한 왕과 왕비의 무덤이 늘어선 '죽음의 계곡, 왕과 왕비의 무덤터'를 만들었던 것이고요.

그런데 여기서 잠깐, 피라미드도 그렇고 신전도 그렇고, 이집트 문명은 왜 이토록 규모가 거대했을까요? 이 물음에 대해 많은 역사학자들의 연구가 지금도 계속되고 있긴 한데요. 하나의 설은 피라미드, 신전, 스핑크스, 오벨리스크 등의 모든 상징물이 신격화 혹은 권력을 과시하기 위해 만든 상징물이라는 것이죠. 즉 사람이 살아가는 주거 공간이 아니라는 겁니다. 예를 들면, '궁전'과 '신전'은 용도가 분명하게 다른 건축물입니다. 현존하는 왕이 살았던 공간이 '궁전'이고, 신을 모시던 종교적인 공간이 '신전'이니까요. 그러니 각 시대마다 왕이 죽고 난 후, 그 왕을 신격화하기 위해선 인간이 상상할 수 있는 크기를 뛰어넘는 거대한 규모의 위용이 필요했던 것이죠.

하지만 이 지구의 삶 속에서 누구도 거역할 수 없는 원칙이 있다면 바로 영원할 수 없다는 것입니다. 화려함과 웅장함으로 신의 도시로 불렸던 카르나크와 룩소르 신전도 결국 기운을 다하게 되죠. 기원전 200년경, 마케도니아의 알렉산더에 의해 프톨레미 왕조가 무너진 뒤, 이 신전에 로마의 문화가 덧입혀지기도 했고, 중세에는 유럽의 기독교 국가에 점령돼 신전 자체가 가톨릭 교회로 바뀌기도 합니다. 또 이슬람 문명의 모스크로 변화되기도 했고요. 근대에 이르러서는 지역인들이 집을 짓는데 이 신전을 조각조각 뜯어가기도 했고, 그러다 시간이 흘러 결국 모래에 묻혀 사람들의 기억 속에서 아예 사라져버리게 됩니다. 그리고 다시 모래 속에 묻힌 신전이 발견된 시점은 1668년, 여행 중인 선교사에 의해서였고, 본격적인 발굴이 시작된 건 1977년이었으니 3,000년 넘게 그 자리에 있었던 유적을 그 오랜 시간 잊고 지낸 셈이죠.

작고 초라한 인류가 거대한 문명을 만들다

자, 그럼 이제 본격적으로 카르나크 신전으로 들어가보겠습니다. 한 가지 기억할 점은 이곳이 무려 2,000년에 걸쳐 여러 왕조의 수많은 왕에 의해 첨삭이 된 곳이라, 처음부터 어떤 계획하에, 순차적으로 지어진 게 아니라는 점이에요. 그래서 오히려 가장 입구에 해당하는 출입구가 가장 늦게 지어지는 등, 각 건물이 지어진 시대와 역사가 매우 달라 사전 공부가 약간 필요합니다.

일단 카르나크 신전은 나일강을 통해 배를 타고서만 접근이 가능한데요. 나일강에서 수로를 따라 들어가면, 네모반듯한 연못, 일종의 배 선착장에 도착합니다. 왕들과 제사장들은 바로 여기에서 배에서 내려 신전을 향해 걸어가죠. 신전의 입구까지는 양머리를 한 스핑크스들이 수십 미터 늘어서 있는데요. 이 스핑크스마다, 자세히 보면 품 안에 각기 다른 왕을 보호하듯 감싸고 있고, 또 여기에 그 왕의 업적이 세세히 기록돼 있습니다. 일종의 왕조실록이 쓰여 있다고 볼 수 있겠죠.

사실 카르나크 신전은 규모 면에서는 엄청나지만, 그 구성을 보면 아주 간단합니다. 여러 겹의 출입문과 출입문 사이 중정이 반복되는 구조예요. 일단 중정의 역할은 축제나 제사를 지내는 것이고, 출입구는 일종의 방어 요새 역할을 했는데요. 실질적으로도 외세 침략을 방어하는 역할도 했지만, 그보다는 나일강이 범람할 때 물을 막는 일종의 댐 역할도 한 셈입니다.

그중, 카르나크 신전의 대표적인 공간이 바로 134개의 거대한 기둥으로 만들어진 '하이포[다주식, Hypostyle] 방'입니다. 'Hypostyle'이라는 말 자체가 '기둥 아래'라는 뜻으로, 지붕의 높이가 무려 20미터에 달하죠. 이 기둥을 흔히 '파피루스 기둥'이라고도 하는데, 그건 기둥마다 파피루스 식물이 새겨져 있어서입니다. 어떤 기둥엔 꽃봉오리가 닫힌 식물이 새겨져 있고, 어떤 기둥에는 꽃이 활짝 피어 있는 식물이 새겨져 있는데, 이것은 바로 생명 자체를 상징합니다.

지금은 지붕이 없어져 방에 빛이 전체적으로 들어오지만 원래는 지붕이 덮인 아주 어두운 공간이었습니다. 그리고 여기에 마치 하늘에서 한 줄기 빛이 들어오는 효과를 내기 위해 기둥 높이를 달리해서 일종의 천장을 만들었죠. 해가 뜨면 이 천장을 통해 정말 뚜렷하고 영롱한 빛이 내려오도록 한 겁니다. 그렇다면 이 어두우면서도 영롱하고, 더할 나위 없이 웅장한 이 공간의 역할은 무엇이었을까요? 바로 요즘의 교회, 성당, 모스크를 대신한 기도와 예식의 종교적 공간이었습니다. 이것이야말로 카르나크 전체가 신전 고유의 역할인 신을 모시고, 제사를 올리고, 기도를 하는 공간이었다는 것을 분명하게 말해주죠.

전쟁왕, 파라오 투트모스 3세의 '식물원 벽화'

카르나크 신전에서 놓칠 수 없는 부분 중 하나가 바로 투트모스 3세Tuthmosis III:, BC 1479-1425의 '식물원'입니다. 실제로 이곳에 식물원이 있었을 가능성도 매우 높은데요. 현재는 그 흔적이 남아 있지 않고 벽에 식물과 동물의 그림이 남겨져 있을 뿐입니다. 흔히, 투트모스 3세는 '이집트의 나폴레옹'이라는 별명이 있을 정도로 중앙아시아와 아프리카까지 영토 확장을 가장 많이 한 파라오인데요. 집권 중 무려 17번의 정복 전쟁을 했던 것으로 기록돼 있죠. 투트모스 파라오는 정복에 성공하며, 이집트로 돌아오면서 전리품을 챙겨왔는데 그중에 200여 종이 넘는 식물과 새를 비롯한 동물들이 있었던 것으로 기록돼 있습니다.

그렇다면 왜 투트모시스는 식물과 동물을 전리품으로 가져왔을까요? 그리고 지금으로부터 3,000년 전에도 정원이라는 개념이 있었을까요? 당시 이집트는 기원전 14세기에 왕궁과 상류층 집에 정원을 만드는 게 큰 유행이었기 때문에 당연히 식량이 돼줄 수 있는 식물, 아름다운 관상효과가 있는 식물과 그곳에 사는 동물들은 굉장한 전리품이 되었을 것입니다. 그래서 카르나크 신전에도 분명이 식물과 동물을 살게 했던 정원이 있었을 거라고 보지만, 안타깝게도 그 흔적이 남아 있지는 않아요. 다만 신전의 벽 혹은 무덤의 벽화 속에 다양한 정원의 모습이 새겨 있어 그 당시 이집트 정원의 모습을 쉽게 상상할 수 있죠.

이집트 정원은 크게 담장, 연못, 수로, 나무와 채소들로 구성돼 있고, 주요 수종으로는 석류, 포도, 무화과, 서양대추나무, 감나무, 야자수나무, 보리, 밀, 수박, 파피루스 등을 심었습니다. 그리고 삶의 공간이었던 주거지 외에도 신전, 무덤에까지도 정원을 만들었던 것으로 보고 있고요.

우리의 과거를 통해 미래가 보인다

지금 복원된 카르나크 신전은 기원전 280년경에 완성된 프톨레미 왕조 때 모습입니다. 카르나크 신전만 있는 게 아니라, 앞서 언급한

3킬로미터 떨어진 룩소르 신전까지 그 주변으로 크고 작은 여러 개의 신전이 복합적으로 모여 있어서 흔히 '템플 콤플렉스temple complex'라는 표현도 쓰죠.

실제로 보면 입이 다물어지지 않을 정도로 놀랍고 위대한 유적이 아닐 수 없는데요. 생각해보면 우리 개개인의 삶은 지극히 짧고 초라하지만, 이런 우리가 힘을 합해 이뤄내는 일들은 시간을 관통해 거대한 물줄기를 만들어 찬란한 문명을 만들어내죠. 그리고 이 거대한 현장에 서면 다시 한번 이런 질문도 하게 되고요. 지금의 나, 그리고 우리의 문명은 지금 어디쯤, 어떤 모습으로, 어떤 길을 지나고 있는 중일까? 그게 지금의 우리가 과거를 자꾸 만나야 하는 이유가 아닐까 싶습니다.

IDEA

병산서원, 경상북도, 대한민국

부용동 정원, 전라남도, 대한민국

오죽헌, 강원도, 대한민국

아야 소피아, 이스탄불, 튀르키예

"풍수지리에 입각한 가장 완벽한 차경의 기법을 보여주는 곳.
학문을 배우고 익히는 학생들을 위해 가장 깊은 곳에서,
가장 아름답고 웅장하고 섬세한 자연을 볼 수 있게 한 곳."

선비 류성룡과 성리학도들이 품었던 이상향의 기억

· 안동, 병산서원 ·

서원의 철폐 속에 살아남다

우리나라 전통 정원의 건물은 왕궁을 빼고, 크게 세 가지 범주로 나뉩니다. 바로 민가주택, 사찰, 서원이죠. 민가주택은 말 그대로 살림살이 공간이고, 사찰은 종교 건물로 불자들의 수행터, 그리고 서원은 유교를 공부했던 학습터라고 볼 수 있습니다.

원래 서울에는 성균관, 지방에는 향교라는 공립교육기간이 있었지만, 이 공립교육기관이 제 역할을 못하자 주세붕에 의해 1542년 최초로 사립교육기관인 소수서원이 만들어집니다. 오늘날로 보면 최초의 '사립대학'이 탄생한 것이죠.

그런데 이렇게 공립교육의 폐단을 개혁하고자 시작된 이 서원이 시간이 흘러 또 다른 상황을 맞게 된 점도 눈여겨볼 필요가 있습니다. 바로 1871년, 흥선대원군 이하응은 영의정이었던 김병학과 함께 47개소의 서원만을 남기고 우후죽순처럼 번져 있던 서원을 모두 폐하라는 명을 내리죠. 그렇다면 흥선대원군은 왜 학생을 가르치는 교육기관인 서원에 대한 철폐정책을 내렸을까요?

그것은 서원이 전지와 노비를 점유하고, 면세, 면역 등의 특권을 과도하게 누린 데다가, 서원에 파벌이 생겨 붕당정치의 원상지가 됐기 때문이었습니다. 어쨌든 이 서슬 퍼렇던 서원철폐 속에서도 살아남았던 서원은 명실공히 누구도 손댈 수 없는 역사와 전통의 서원들이었을 겁니다. 그중에 하나가 바로 안동 병산서원이죠.

바람과 물길을 읽고 따르다

사실 병산서원의 역사는 조선이 아니라 고려로 올라갑니다. 고려 중기 안동 풍산에서 '풍악서당'으로 출발했다가, 200여 년 후 풍악서당의 자리가 너무 혼잡하니 옮기자는 의견이 나왔고, 당시 영의정이자 이 지역 수장인 류성룡柳成龍, 1542-1607의 뜻에 따라 지금의 병산서원 자리로 옮기죠. 사실 누가 이 병산서원을 설계했고 시공했는지에 대해서는 알려져 있지 않지만, 이곳에 자리를 잡은 류성룡이 전체 서원의 배치와 설계에 대해 최종 결정을 내리는 데 관여했을 것으로 보고 있습니다.

병산서원은 현재 유네스코의 유산으로 지정된 한국 건축의 백미로도 손꼽힙니다. 일단 병산서원의 진정한 아름다움을 알려면 인공위성 지도를 확인하는 게 좋습니다. 위성 지도를 보면 병산서원의 자리가 낙동강이 활처럼 굽어져 돌아가는 강가라는 걸 알 수 있죠. 그리고 그 굽어진 땅이 실은 해발 328미터의 '화산' 끝자락이라는 것도 보이고요. 이 화산 앞에 낙동강이 휘어져 흐르는데 동쪽에는 병산서원이, 서쪽에는 하회마을이 있습니다. 뒤로는 화산이, 앞으로는 낙동강이, 그리고 이 낙동강 건너 해발 404미터의 수운산이 보이는 곳에 바로 병산서원이 위치해 있는 것이죠.

이 위치는 서원을 이해하는 데 결정적인 단서가 됩니다. 위성이나 드론도 없던 시절에 이 모든 지형을 짐작하여 건물을 세웠다는 건 지금 생각해도 놀라운 일입니다. 풍수지리와 관련된 전문용어를 사용하지 않더라도 북쪽에 산을 두고 건물을 짓는 까닭은 겨울철 북서로 불어오는 시린 찬바람을 막을 수 있기 때문이고, 혹시 모를 외부의 침입에도 뒤를 든든히 할 수 있어서입니다. 그리고 앞에 물을 두는 까닭은 물이 가장 낮은 곳으로 흐르기 때문에 앞을 시원하게 틔워 햇볕을 잘 들어오게 하고, 농사와 집안 살림에 절대적으로 필요한 물을 쉽게 구하기 위함이죠. '배산임수'라는 말을 이런 차원에서 보면 쉽게 이해할 수 있습니다.

그런데 여기에서 한 가지 더 곁들여진 병산서원의 묘미는 낮은 강으로 인해 분명 앞이 틔워져 있음에도 불구하고, 그 건너편에 다시 산이 자리하고 있어서 일종의 수벽이 바라보인다는 점입니다.

얼핏 자연 지형을 그대로 따른 듯 보이지만 실은 기술적으로도 잘 짜인 땅입니다. 우선 땅은 높이가 다른 세 개의 단으로 구성했죠. 그래서 맨 아래 건물은 밖에서 보면 우리의 키를 넘어서 보이지만 안에서 보면 단이 높아져 있어 시선이 차단되지 않습니다. 이 기법을 구사한 이유가 바로 '차경借景'을 만들기 위해서인데요. '경치를 빌려다 쓴다'는 이 기법은 자연과 인간을 하나의 고리로 연결하는 건물배치 기법으로, 병산서원이야말로 이 차경의 백미를 그대로 볼 수 있는 곳입니다.

자연의 경치를 빌려오다

차경은 주변 경치를 잘 관망할 수 있는 자리에 건물을 두고, 막힘을 없애 건너편, 옆, 위, 아래로 이웃해 있는 풍경을 그 건물에서 즐길 수 있게 하는 기법인데요. 원래는 중국에서 시작된 정원 조성 기법으로 기록으로는 1634년 계성이 쓴 『원야園冶』에 처음으로 등장하지만 이미 그 전부터 정원 구성의 중요한 기법으로 널리 퍼져 있었습니다.

그런데 시작은 중국이었지만 이 차경이 생활문화로 깊게 정착된 곳은 바로 우리나라입니다. 그래서 우리나라 정원 디자인의 핵심을 얘기할 때 이 차경을 빼놓을 수 없는데요. 우리는 정원이 아닌 '마당'이라는 독특한 공간을 만들어 비워두었죠. 바로 이 빈 마당에 멀리 보이는 자연과 이웃의 풍경을 그대로 들일 수 있기 때문에 마당은 차경의 아주 중요한 요소가 됩니다.

강가를 따라 병산서원으로 들어서면 가장 먼저 만나는 건물이 바로 대문인 복례문復禮門입니다. '예로 돌아가야 한다'는 뜻을 담고 있죠. 그런데 복례문 자체가 계단을 몇 개 올라서야 만날 수 있어서 길을 기준으로 보면 첫 번째 단에 올랐다고 할 수 있습니다. 이 첫 번째 단에는 복례문과 함께 광영지光影池라는 연못이 있습니다. 연못이 이렇게 낮은 곳에 위치한 까닭은 서원 전체에서 내려오는 물을 받아내는 수장고의 역할을 하기 때문입니다. 주거지에서 물을 저장하는 공간은 단순한 미학적 차원이 아니라 홍수 방지와 배수 기능을 고려했기 때문에 그 위치를 눈여겨봐야 합니다.

복례문의 마당에서 다음 단으로 올라가면 드디어 병산서원의 백미인 만대루 밑을 통과하게 되는데요. 사실 만대루는 학생들이 공부하고 휴식했던 강당과 같은 공간입니다. 그런데 이 만대루는 벽과 문이 없고 지붕과 기둥, 마룻바닥으로 구성돼 있습니다. 띄워진 건물인 '누'입니다. 높이 차를 이용했기 때문에 아래 단에서 보면 2층이지만 계단을 오르고 나면 두 번째 단과 같은 층이 되죠. 만대루의 거대한 지붕은 열한 개의 기둥이 받치고 있는데요. 측면의 기둥들을 빼고, 앞면의 여덟 개의 기둥은 그 사이로 일곱 개의 네모난 액자를 만들어내는데, 이 액자 안으로 수운산과 낙동강이 그대로 들어오면서 마치 일곱 폭의 병풍을 보는 듯한 풍경이 만들어지죠.

> 지팡이에 의지해 남산에 오르니,
> 멀리 만대봉이 있네.
> 가파르고 가파른 모습 차가운 하늘에 우뚝한데
> 지는 해 푸른 절벽을 비추네.

주희의 「만대정」이라는 시에서 이 만대루의 이름을 가져온 것으로 추정하는데, 그 이유는 만대루에 앉아보면 바로 알 수 있습니다. 밖에 존재하는 자연의 풍광을 마치 집 안에 세워둔 병풍의 그림처럼 보게 하는 차경이 만대루의 진정한 참맛이니까요.

이번엔 낙동강을 바라보지 않고 마당 쪽으로 돌아앉으면 학생들이 공부를 하던 '입교당'이 보입니다. 입교당에서 보면 만대루 때문에 시선이 막힐 수도 있지만, 벽이 없는 탓에 만대루의 일곱 폭의 풍경이 그대로 보여 전혀 답답함이 없습니다. 그리고 가운데 마당을 두고 좌우로 들어선 건물 두 채는 학생의 기숙사인 '서재'와 '동재'입니다. 사실 차경은 멀리 있는 자연을 빌려오는 것뿐만 아니라, 옆에 들어선 건물들이 서로의 시선을 막지 않고 풍경이 되어주는 근거리 차경도 있습니다. 우리의 전통 건물 배치는 바로 이렇게 철저하게 계산된 풍경 기법으로 설계되어 있어 지붕의 높이가 다 다릅니다.

이제 두 번째 단을 통과해 다음 단으로 오르면 조금 다른 느낌의 건물 '장판각'이 보입니다. 이 장판각은 목판을 보관했던 인쇄소인데요. 학문의 가장 중요한 요소인 책을 만드는 공간이었기에 화재를 예방하기 위해 다른 건물과 떨어뜨려 지었기 때문에 다소 소외된 느낌이 좀 있습니다.

그리고 장판각 담장을 넘어 오른쪽으로 건물들이 나타나는데요. 제사를 위해 지어진 건물인 존덕사, 신문, 전사청이 위에서 아래로 배치돼 있습니다. 결론적으로 병산서원은 전체 부지를 세 개의 단을 만들어 높이로 구별했고, 좌우로는 공부하는 공간과 제사를 지내는 공간으로 나눈 셈이죠. 얼핏 보면 10여 동의 건물이 무심히 흩어져 있는 듯하지만 실은 매우 치밀한 계획으로 서 있습니다.

성리학의 사상을 담은 서원 건축의 백미

서원이 이렇게 특별한 건축 양식을 갖게 된 것은 바로 성리학이라는 사상 때문입니다. 하지만 사립이었던 까닭에 서원마다 양식은 비슷하더라도 색깔이 조금씩 다르기도 합니다. 이곳 병산서원의 경우는 그 정신적 지주인 서애 류성룡의 생각이 아주 많이 투영된 곳입니다.

류성룡은 어떤 인물이었을까요? 조선의 5대 명재상에 이름을 올린 류성룡은 자신이 영의정으로 있던 1592년 8월선조 25년에 임진왜란을 겪습니다. 국가를 이끌어가는 재상으로서 이 6년의 전쟁은 그에게는 정말 뼈아프고 힘든 시간이 아닐 수 없었죠. 정궁인 경복궁과 창덕궁이 불에 타고, 백성 100만 명이 목숨을 잃었으니까요.

류성룡은 전쟁 속에서 이순신을 천거하는 등 왜군을 몰아내는 데 혼신의 힘을 다합니다. 그리고 전쟁이 끝난 후, 다시는 이런 아픔을 겪지 말자는 뜻에서 임진왜란의 발발과 그 이유, 과정을 세밀하게 분석한 『징비록』을 쓰죠. '징비'는 『시경』 중 「소비편」에 나오는 '징계하여 후환을 경계한다'라는 구절에서 가져온 것으로, 임진왜란을 어찌나 상세히 조사했는지 훗날 일본에서 이 책을 통해 우리나라를 연구할 정도였고요.

류성룡은 훗날 스승인 이황을 뛰어넘어 '알면 행하여야 한다'

는 '지행병진설'을 세우죠. 이념에만 집착하여 실행하지 않음을 비판한 좀 더 현실적인 정치철학인데요. 그는 말년에 이르러 '소용히 살다가 자연으로 돌아가고 싶다'며 은둔 생활을 했고, 그가 죽은 후에는 어찌나 청빈하게 살았는지 장례 치를 비용조차 없어 백성들이 기금을 모았다고 전해지기도 합니다.

이런 그의 유지가 반영된 병산서원은 참으로 군더더기가 없습니다. 지극히 겸손하고 청빈했지만 지조가 뚜렷했던 류성룡의 성장처럼, 병산서원은 어떤 전통 건축물보다 정갈하지만 내면적으로는 차경의 화려함이 가득한 곳이기도 하죠.

고려시대부터 배움의 터로서 수많은 학생이 북적였던 이곳엔 항상 글 읽는 소리가 울려 퍼졌을 겁니다. 마당은 학생들이 분주한 발걸음으로 오갔겠죠. 병산서원은 아직도 그 자리에서 낙동강을 바라보며 굳건히 서서 수많은 학생들이 남겨놓은 기억을 간직하고 있을 겁니다. 지금은 멀리 들리는 물소리와 간간이 들어오는 바람만 있는 이 공간이 언젠가 다시 또 학생들의 터전으로 새로운 기억을 쌓을 수도 있지 않을까요. 수백 년을 이어오고 있는 오래된 학교처럼, 이 병산서원에도 그런 날이 찾아오기를 꿈꿔봅니다.

"파란만장했던 정치인의 크고 높은 정원의 꿈.
자연과 더불어 물길을 만들고, 사계절 자연을 바라볼 수 있는
정자를 세우고, 누구보다 정원을 가장 잘 즐기며 살아간
윤선도의 꿈을 만날 수 있는 곳."

어부를 꿈꿨지만 정원 속에 머문 윤선도의 기억

· 보길도, 부용동 정원 ·

병자호란의 아픔 속에 보길도를 발견하다

해남 땅끝마을에서 배를 타고 노화도에 도착한 뒤, 노화도와 연결된 다리를 건너 들어갈 수 있는 섬, 보길도입니다. 남도의 수많은 섬 중에서 이 섬이 유독 우리에게 잘 알려진 이유는 「어부사시사漁父四時詞」를 지은 조선의 선비, 윤선도尹善道, 1587-1671의 부용동 정원이 있기 때문이죠.

하지만 정확하게 그 정원의 입구가 어디 있는지 찾는다면 조금은 난감할 수도 있습니다. 왜냐하면 윤선도는 보길도 섬 전체를 정원이라는 개념으로 디자인했기 때문입니다. 해서 우리가 생각하는 정원의 입구와 그 경계, 영역이 매우 모호해요. 사실 이런 거대한 스케일의 정원을 만든 사례는 세계적으로도 매우 드물죠. 그래서 보길도의 부용동 정원은 조선 중기, 우리 선조들이 생각했던 자연관과 정원에 대한 개념을 읽어낼 수 있는 가장 대표적인 공간이기도 합니다.

그렇다면 윤선도는 어떤 이유에서 이런 방대한 정원 세계를 만들게 되었을까요? 1636년 겨울, 그가 관직에서 물러나 해남에 머물고 있던 때였습니다. 그때 윤선도는 병자호란의 발발 소식을 듣게 되죠. 역사상 가장 처참한 피해를 남긴 병자호란은 한양을 휩쓸었고, 인조는 급기야 궁을 버리고 강화도로 피신합니다.

관직에서 물러나 있었지만 윤선도는 이 급박하고 참담한 소식에 노복과 농민 수백 명을 모아 의병을 일으켰고, 인조와 조정을 구하기 위해 배를 타고 강화도로 향합니다. 하지만 배가 채 강화도에 닿기도 전에 윤선도는 굴욕적인 삼전도의 항복 소식을 듣습니다. 모든 것이 허망해진 그는 배를 돌려 고향으로 가지 않고 제주도로 갈 계획을 세우죠. 식솔과 수백 명의 의병과 함께 그곳에 정착할 생각으로요. 하지만 해남에서 제주도로 가던 중 풍랑을 만나 다급히 인근 섬에 정박하는데, 그 섬이 바로 보길도였던 겁니다.

파란만장한 정치인의 삶을 버리다

자, 그렇다면 본격적으로 부용동 정원으로 들어가기 전, 윤선도는 어떤 인물이었고, 어떤 상황 속에 정원을 조성했는지 그 배경을 알아볼까요.

윤선도가 살았던 때는 조선의 역사 중 아마도 가장 격변의 시기가 아니었을까 싶습니다. 해남 윤 씨 가문에서 1587년에 태어난 그는 일찍이 관직에 올라 광해군, 인조, 효종, 세 명의 왕을 섬긴 관료였죠. 어린 시절부터 총명해 각종 시험에 늘 장원을 했고 정치에도 빠르게 입문했습니다. 이렇듯 살아가는 동안 내내 권력의 중심에 있었지만, 그의 삶은 편안할 틈이 없었죠. 당시 조선은 서인과 남인의 세력 다툼이 치열했는데, 그 가운데 세력이 약한 남인 가문의 대표자로서 50년이 넘는 세월 동안 끊임없이 등용과 탄핵, 파직과 복귀, 유배를 반복했으니까요.

이 파란만장한 그의 정치 인생은, 열여덟에 진사 초시에 합격하고 성균관에서 유학하던 중 권신이었던 이이첨의 횡포를 상소로 올려 미운털이 박힌 채 함경도 유배를 가는 것으로부터 시작됩니다. 이후 인조반정으로 풀려나 봉림대군의 스승으로 다시 관료의 길을 걷지만, 1633년 증관문 사건에 휘말려 파직을 당하고, 1634년 강석기의 모함으로 성산 현감으로 좌천되었다가 이듬해 파직됩니다. 이후 또다시 영덕으로 유배를 가죠. 그러다 다시 1652년 효종 3년에 복직되지만 송시열과의 갈등으로 탄핵을 당하고, 1657년 다시 복직되지만 또 1년 뒤 삼수로 유배를 갑니다.

윤선도의 삶은 정치가의 가문에서 출생부터 화려했지만 어찌 보면 우여곡절이 많았습니다. 그런데 이 파란만장한 삶 속에서도 그는 당시로서는 아주 드물게 여든다섯까지 장수합니다. 사실 여담이지만 그의 장수가 부용동 정원과 밀접한 연관이 있다고 보는 사람들도 많죠. 정원을 만들 때 쉰한 살, 정치에서 물러나 부용동에 칩거한 시기가 일흔한 살, 그리고 이곳에서 생을 마친 것이 여든여섯 살이니, 보길도에서의 삶이 그의 말년에 큰 영향을 끼쳤음은 분명합니다.

낙서재, 동천석실, 세연정의 탄생

그럼 다시 제주도로 향하던 윤선도의 배가 풍랑으로 보길도에 이른 이야기로 돌아가볼게요. 풍랑이 잦아든 다음 날, 윤선도는 이 섬의 아름다움에 반합니다. 겨울이었음에도 불구하고 상록으로 섬이 온통 푸르렀으니까요.

그곳엔 꽃을 피운 동백나무와 초록의 소나무, 녹나무, 차나무가 가득했죠. 윤선도의 눈에는 바로 이곳이 지상의 낙원처럼 보였을 겁니다. 섬을 둘러보던 윤선도는 제주도로 가려던 계획을 접고 이곳에 자리를 잡기로 결심합니다.

사실 보길도를 높은 곳에서 바라보면 연잎을 닮았습니다. 그래서 윤선도는 자신의 거처가 될 곳을 먼저 '부용동'이라 이름 짓죠. 그리고 보길도의 가장 큰 봉우리인 해발 425미터의 격자봉 아래에 거처를 마련합니다. 이 거처의 이름이 '낙서재'. 이 안에 식솔들이 살 수 있는 여러 채의 건물을 지었는데, 그 당시 건물의 수가 무려 스물다섯 채에 이르렀다고 합니다.

그리고 이 낙서재에서 마주 보이는 산 중턱에 작은 정자를 짓는데 이곳의 이름이 '동천석실'이죠. 윤선도는 주로 낙서재에서 머물다 동천석실로 올라가 홀로 명상하는 시간이 많았다고 전해집니다. 그런데 그가 이 동천석실보다 더 많이 머물고 가장 사랑했던 장소가 하나 더 있었으니 바로 계곡 옆에 위치한 '세연정'이었죠.

> "고산은 낙서재에서 아침이면 닭 울음소리에 일어나
> 몸을 단정히 한 후, 제자들을 가르쳤다.
> 그 후 네 바퀴 달린 수레를 타고,
> 악공을 거느리고 석실이나 세연정에 나가
> 자연과 벗하며 놀았는데,
> 술과 안주를 충분히 싣고,
> 고산은 그 뒤를 따르는 것이 관례였다."

해남 윤 씨의 후손이 쓴 「가장유사家藏遺事」의 한 부분에서 알 수 있듯이 윤선도의 보길도 생활은 살림집이 있던 낙서재와 별서 정원이었던 동천석실, 그리고 세연정으로 그 범위가 매우 넓었다는 것을 알 수 있습니다.

어부를 꿈꿨으나 정원에 머물다

윤선도가 남긴 가사 「어부사시사」는 원래는 고려시대부터 구전되어 내려오던 어부가를 명종 때 이현보가 아홉 장으로 다시 구성했고, 여기에서 영감을 얻은 것입니다. 그러나 후렴구 정도만 가져왔을 뿐, 전체적인 구성은 윤선도의 독창성으로 가득합니다. 그는 연작시 전체를 봄, 여름, 가을, 겨울 네 계절로 구별했고, 각 계절마다 열 개의 시를 만들어 총 40수를 지었어요. 예를 들어 봄의 시 한 구절을 보면 이렇습니다.

> "앞 개에 안개 걷고, 뒷산에 해 비친다.
> 배 띄워라, 배 띄워라, 밀물이 밀려온다.
> 찌거덩 찌거덩 어야차
> 강촌에 온갖 꽃이 먼 빛으로 좋다."

윤선도가 이 어부사시사를 쓴 때가 1651년, 그의 나이 예순다섯 살 때였습니다. 병자호란 때 보길도로 들어가 부용동 정원을 조성한 지 15년이 흐른 시점으로, 이 15년 동안 그는 다시 관직에 올랐지만, 다시 또 삭탈관직과 유배를 반복하는 굴곡진 정치 인생을 이어갔죠. 하지만 윤선도가 관직과 유배생활을 제외하고는 틈만 나면 이곳 보길도 부용동에 들어와 자신의 정치적 삶과는 전혀 다른 소박한 어부의 삶을 꿈꿨다는 것을 이 40수의 시를 통해 잘 알 수 있습니다.

하지만 결코 평범한 어부가 될 수 없었던 그의 신분은 그가 부용동 정원을 조성하는 데 집중하게 했습니다. 그렇게 탄생한 부용동 정원의 정점이 바로 세연정입니다. 세연정은 정확하게는 자연 계류에 인공섬을 만들어 거기에 건축한 정자의 이름이기도 합니다. 이 세연정을 만들기 위해 윤선도는 매우 과학적인 건축 기법을 도입하죠. 세 개의 작은 터를 인공으로 만드는데 그 중심에 세연정을 두고 위아래로 동대, 서대를 조성해요. 동대와 서대는 춤과 연주가 펼쳐지는 무대로, 세연정에 앉으면 이 음악과 춤을 관람할 수 있었죠.

세연정의 섬세한 가든디자인 기법

세연정은 조성 과정에 윤선도의 미적 감각과 영특한 계산이 잘 녹아 있는 정원입니다. 우선 '칠암'이라고 부르는 일곱 개의 묵직한 바위가 있던 곳을 좀 더 아늑한 연못으로 만들기 위해 계류 중간에 댐을 만들죠. 물을 가둬 일곱 개의 돌이 마치 물 위에 떠 있는 섬처럼 되게 하기 위해서였는데요. 이 돌로 만든 댐의 이름이 '판석보'인데, 사실 판석보는 평소에는 세연정으로 연결되는 길로 보이기 때문에 댐이라는 생각이 전혀 들지 않습니다. 하지만 비가 많이 내리면 물이 흘러넘쳐 폭포가 됩니다.

여기에 좀 더 구제척인 보조 장치도 더해집니다. 갑작스런 홍수에 대비해 윤선도는 이 자연 계류 아래 네모난 인공 연못을 만듭니다. 이 인공 연못 쪽에 물이 들어오는 수구 다섯 개, 물이 나가는 수구 세 개를 만들었는데, 이 입구와 출구 높이 차를 약 30센티미터 정도 두어서 억지로 물을 빼지 않아도 자연스럽게 일정 높이가 되면 물이 저절로 빠져나갈 수 있게 했죠.

이 모든 조성 방법은 최대한 물의 흐름을 방해하지 않고, 또 사람이 손댄 흔적이 가능한 한 드러나지 않게 디자인한 것입니다. 이런 기법은 물의 흐름을 막거나, 솟구치게 하고, 화려하게 장식하는 서양의 물 디자인과 확연한 차이점을 보입니다. 서양 정원과 우리의 정원을 논할 때, 가장 많이 비교하는 부분이 바로 이 물의 디자인이기도 하고요.

"일기가 청화하면 반드시 세연정으로 향하였다.

정자에 당도하면 자제들은 시립하고,

기희들이 보시는 가운데 못 중앙에 작은 배를 띄웠다.

남자아이에게 채색 옷을 입혀

배를 일렁이며 돌게 하고,

공이 지은 어부사시사 등의 가사로 완만한 음절에 따라

노래를 부르게 했다.

당 위에서는 관현악을 연주하고,

여러 명이 동·서대에서 춤을 추었다.

칠암에서는 낚싯대를 드리우고,

연못에서 연밥을 따기도 하다가,

해가 저물어야 무민당으로 돌아왔다."

윤선도의 5대손인 윤위가 쓴 보길도 기행문 「보길도지甫吉島識」 중 윤선도가 세연정에서 지내던 모습을 적은 구절입니다. 누군가는 윤선도의 부영동 정원을 세상 풍파에도 불구하고 물려받은 재산과 권력으로 누린 '귀족 문화의 일편'이라고 평가하기도 합니다. 그러나 당시 그 누구보다 파란만장한 정치인의 삶을 살았던 그가 생애 마지막 보루처럼 숨겨둔 채 편안치 않은 날에 늘 찾았을 이 부영동의 정원에서, 우리는 삶의 영광과 쓸쓸함, 고달픔과 편안함, 화려함과 퇴색이라는 양면성을 느낍니다.

현재 이 부용동 정원은 세연정과 동천석실만이 복원되었고,

안타깝게도 살림터인 낙서재는 그 흔적만 남아 있습니다. 언젠가 모든 터가 복원돼 화려했던 윤선도의 유토피아, 부용동 정원이 다시 되살아나 우리의 기억으로 돌아와주길 바라봅니다.

"조선 초중기의 반듯하지만 폐쇄적이지 않고,
남녀 모두에게 평등했던 가옥 구조를 그대로 볼 수 있다.
정원 자체도 닫히지 않고 열려 있는 호탕한 느낌을
만날 수 있는 곳."

외로웠지만 강인하고 화려했던 예술가,
신사임당과 율곡의 기억

· 강릉, 오죽헌 ·

신사임당이 태어난 주택

"동양에 신 씨가 있다.
어려서부터 그림을 잘 그렸는데,
포도 그림과 산수화는 한때 최고였다.
비평가들은 그가 안견 다음간다고 말하였다."

조선 중종 시대 학자로 율곡 이이[李珥]의 스승이기도 했던 어숙권이 민간에서 흘러 다니는 이야기를 모아 쓴 『패관잡기』에 기록된 신사임당1504-1551에 대한 내용입니다. 당시 여성인 데다 어린 나이였음에도 불구하고 이렇듯 소문이 자자했던 걸 보면, 그 천재성이 얼마나 대단했는지를 충분히 짐작할 수 있죠.

지금 지갑을 열어 5만 원과 5천 원권을 살펴보신다면, 신사임당의 초상화와 그녀가 남긴 그림 〈묵포도도〉와 〈초충도수병〉을 찾을 수 있습니다. 5천 원권에서는 아들인 율곡 이이와 오죽헌, 그리고 신사임당의 또 다른 그림인 초충도, 수박과 맨드라미의 그림을 바로 찾아낼 수 있죠.

그렇다면 오죽헌이 어떤 곳이기에 이런 엄청난 인물의 탄생지가 되었을까요? 전문가들은 이 오죽헌이 동쪽으로는 푸른 동해, 서쪽으로는 대관령 사이에 있어서 신사임당과 율곡이 자연으로부터 예술적 영감을 많이 받았을 것이라 보기도 합니다.

율곡의 어머니가 아닌 사임당 신 씨의 삶

사실 신사임당의 예술성이 조선 후기에 이르면서 율곡에 비해 다소 왜곡되었다는 지적도 많습니다. 왜냐하면 율곡이라는 뛰어난 정치사상가의 어머니 혹은 현모양처라는 '여성 이미지'의 틀 안에 가두어 오히려 신사임당의 본연의 예술성과 학문의 고고함에 대해서는 제대로 된 평가를 못하고 있다는 것이죠.

그렇다면 실제 신사임당의 삶은 어땠을까요? 신사임당은 '사임당'이라는 당호를 본인이 직접 지었다고 합니다. 중국 주나라의 가장 현명했던 왕, 문왕을 길러낸 어머니 '태임太任'을 따른다는 의미로 '사임당'이라고 한 거죠. 얼핏 보면 이게 현모양처의 표본처럼 보일 수도 있지만, 자신이 직접 당호를 짓고 인생의 나아갈 바를 천명했다는 것만 봐도 신사임당이 얼마나 당찬 여성이었고 자기주장이 확실했는지를 알 수 있습니다.

그런데 이렇게 신사임당이 뚜렷한 주관을 갖게 된 건, 당시 조선 중기의 사회상이 후기와는 사뭇 달랐기 때문이기도 합니다. 유교의 엄격한 가부장제가 정착되기 전인 고려와 조선 초중기는 부부 간의 이혼도 통용되었고, 남녀의 신분이 동등했습니다. 그래서 아들 없이 딸만 있는 집안에서는 사위가 처가로 들어가 사는 일이 흔했죠. 신사임당의 가문도 그 대표적인 집안이었습니다. 오죽헌의 역사를 거슬러 가보면, 딸들로 이어졌던 흔적이 뚜렷합니다.

여성과 남성의 지위가 동등했음을 보여주다

원래 오죽헌은 1452년 문종 시절 대사헌을 지낸 강릉 최씨 최치훈이 1400년대에 지었던 집으로, 그의 아들인 최응현이 물려받습니다. 하지만 최응현에게 아들이 없자 사위인 이사온이 이곳으로 들어와 집안을 잇게 되었고, 이사온이 다시 무남독녀 유일한 딸을 낳았는데 이 딸이 훗날 신명화와 결혼해 신사임당을 낳은 거죠. 신사임당은 이 두 사람의 다섯 딸 중 둘째였고요. 이후에도 오죽헌은 신사임당 여동생의 남편인 권화에게로 이어졌고, 여기에서 태어난 아들 권처균이 물려받게 됩니다. 사실 오죽헌이라는 이름도 원래는 권처균의 호로, 줄기가 검은 대나무가 둘러쳐진 집이라는 뜻인데, 별채 이름이었던 것을 지금은 전체 주택을 총칭하는 의미로 부르고 있습니다. 그리고 바로 이 별채 오죽헌의 온돌방에서 신사임당이 율곡을 낳게 되고요.

건축 전문가들은 집은 그 시대의 사회상을 반영한다는 말을 자주 합니다. 이 오죽헌은 우리나라에 현존하고 있는 가장 오래된 주택 중 하나로 조선 중기의 모습을 잘 보여주고 있는데요. 여성과 남성의 지위가 동등했다는 증거가 주택에서도 보입니다. 조선 후기의 주택은 안채가 꽁꽁 막혀서 갇힌 모습인 데 반해, 이곳은 안채가 사랑채의 뒤편에 있긴 해도 막힘이 없이 양쪽으로 길이 터져 있습니다. 안채가 전혀 고립되지 않고 사랑채와 왕래가 매우 활발했음을 알 수 있습니다.

원래 오죽헌은 세 칸으로 구성된 입지문에 행랑채, 사랑채가 결합된 구역, 안채로 구성되어 있었는데, 훗날 정조가 율곡을 칭송하기 위해 사당을 짓게 했습니다. 정조는 '어제각'이라는 친필 현판을 내리고 이곳에 율곡이 어린 시절 썼던 벼루와 저서 『격몽요결』을 보관하게 했죠. 이 어제각이 있던 곳에 지금은 사당으로 쓰고 있는 '문성사'가 들어서 있습니다.

사실 안타깝게도 강릉 오죽헌은 600년이 넘는 시간 동안 원형이 많이 어그러졌어요. 오죽헌은 일제 강점기인 1938년 조선문화재보호령으로 국가문화재 보물로 지정됩니다. 그러다가 1975년 오죽헌 정화사업으로 사당인 문성사와 자경문이 새롭게 만들어지는데, 이 과정에서 안채와 곳간채, 사주문이 해체되었습니다. 다시 복원이 이뤄진 건 1995년인데요. 이때 어제각은 자리를 옮겨 서쪽에 자리하게 되고, 일부는 흙이 아니라 시멘트로 바뀌는 등 변형이 좀 생깁니다.

율곡 이이를 키워낸 두 여성의 삶

다시 신사임당의 이야기로 돌아가보면요. 다섯 딸 중에서도 유난히 학문, 예술에 뛰어났던 사임당에게 아버지 신명화의 애정은 각별했습니다. 그래서 사위를 고를 때 가문이 너무 좋은 곳을 피했다고 하죠. 아무래도 사임당의 뛰어난 능력이 남편 집안의 분위기에 묻힐 가능성이 높아서였겠죠. 그렇다고 너무 지체가 낮으면 태어나게 될 손자들에게 영향이 생길까 싶어, 몰락했지만 뼈대가 있는 집을 골랐습니다. 그렇게 홀로된 어머니와 살고 있는 파주 청년 이원수1501-1561와 혼사를 맺습니다.

이 선택은 훗날 신사임당이 친정 생활을 편하게 하고, 또 예술 활동을 잘할 수 있는 큰 밑거름이 되긴 했어요. 하지만 남편과 떨어져 있는 시간이 길었고, 더불어 사임당의 천재성에 못 미치는 이원수의 학문적 성과와 자격지심 탓으로 둘의 관계가 나빠지는 계기도 되었습니다. 결국 남편 이원수가 첩을 두고 집으로까지 데려온 일 때문에 사임당의 마음고생이 심했죠. 지병이었던 심장병이 심해져 갑자기 세상을 떠난 것도 이 사건이 한몫했을 거라고 보기도 합니다.

사임당은 유언으로까지 '어린 자식을 위해 재혼을 하지 말라'고 남편을 설득했지만 끝내 이원수는 재혼을 했고, 어머니와는 너무 다른 새어머니로 인해 율곡을 비롯한 자녀들이 어린 시절 고생을 많이 했다고 합니다. 열여섯 살에 어머니를 잃은 어린 율곡은 어머니 묘소 앞에서 3년의 묘막살이를 마치고도 집으로 들어가지 않고 금강산의 절에서 1년간 불교 공부를 하는데, 이 또한 복잡한 집안 사정 때문이었을 것으로 짐작됩니다. 하지만 율곡에겐 어머니를 대신할 든든한 외할머니 용인 이씨가 오죽헌에 있었습니다.

강인하면서도 뚜렷했던 신사임당의 삶

"조정으로 본다면 신은 있으나 마나 한
보잘것없는 존재이오나,
외조모에게 신은 마치 천금의 보금 같은 몸이며,
신 역시 한 번 외조모 생각이 나면,
눈앞이 아득하여 아무것도 할 수 없습니다."

율곡이 선조에게 올린 글인데요. 율곡의 글을 엮은 『율곡전서』에 남겨진 이 글을 통해, 그가 얼마나 외조모에 대한 마음이 깊었는지가 충분히 짐작됩니다. 뿐만 아니라 율곡은 외가 오죽헌으로부터 지대한 영향을 받았다는 것도 잘 알 수 있는데요.

"공은 말을 배우면서 곧 글자를 알았다.
겨우 세 살 때 외조모가 석류를 가지고
'이것이 무엇 같으냐?' 하니, 대답하기를
'붉은 가죽 주머니 속의 부서진 붉은 구슬' 같다고 하여
사람들이 기특하게 여겼다.
다섯 살 때 어머니 신 씨의 병이 위독하자,
공이 가만히 외조의 사당에서 기도했으니,

여러 사람이 놀라고 괴이하게 여겼다."

선조 때에 쓰인 『연려실기술』 속 율곡 이이에 관한 내용입니다. 오죽헌에는 그때의 석류나무, 백일홍나무, 목단 등이 아직도 자라고 있어 지금도 신사임당과 율곡의 정취를 충분히 느낄 수 있죠.

더불어 오죽헌에서 꼭 만나야 할 예술가가 더 있습니다. 바로 신사임당의 장녀인 이매창과 율곡의 남동생인 이우입니다.

이매창은 신사임당이 1529년에 낳은 딸입니다. 자라면서 '소사임당'이라는 별칭으로 불릴 정도로 어머니의 글과 그림 솜씨를 그대로 이어받았다고 해요. 조선 중기 명필가였던 고산 황기로는 이매창을 두고 '여성 중의 군자'라고 했고, 벼슬에 오른 율곡도 나라의 큰일을 누이와 의논할 정도였다고 하죠. 오죽헌 기념관에 있는 이매창의 〈매화도〉를 보면 그 완성도가 신사임당만큼 훌륭하다는 것을 알게 됩니다. 여기에 율곡의 동생 이우의 〈국화도〉도 있는데요. 신사임당의 자손들이 얼마나 어머니 밑에서 예술과 학문을 익히고 배웠는지를 잘 이해할 수 있습니다.

신사임당과 함께 동시대를 살았던 여성들로 문정왕후, 정난정, 황진이가 널리 알려져 있죠. 이 가운데 신사임당이라는 여성 캐릭터는 독보적인 귀감이 됨에 틀림없습니다.

"늙으신 어머님을 고향에 두고,

외로이 서울로 가는 이 마음,

돌아보니 북촌은 아득도 한데

흰 구름만 저문 산을 날아다니네."

신사임당이 시댁의 살림을 맡기 위해서 서울로 가는 길, 대관령에서 친정집을 바라보며 남긴 시입니다. 신사임당은 효성스러운 딸이었고 아내이자 어머니였지만, 이보다 먼저 자신의 삶을 누구보다 예술적으로 또 학문적으로 개발시키고, 시대를 앞서 당당하게 살았던 여성이었죠. 그 신사임당과 그 자녀로 이어진 예술과 철학의 기억을 이 오죽헌에서 다시 한번 느껴볼 수 있습니다.

"거대한 두 운명, 로마가톨릭과 이슬람의 교집합이었던 장소.
애증의 두 문명이 때론 반목하고,
또 때론 화합한 흔적을 그대로 볼 수 있는 곳."

기독교와 이슬람,
두 문명의 충돌과 통합의 기억

· 이스탄불, 아야 소피아 ·

유럽과 아시아가 만나다, 나비의 몸통 이스탄불

지금의 이스탄불이란 이름 전에 이 도시의 이름은 콘스탄티노플Constantinole이었습니다. 이곳의 위치는 튀르키예[구 터키] 국가의 영토 안에 위치해 있지만, 그냥 '이스탄불'이라는 단독 도시 이름으로만 불려도 될 만큼 도시 자체가 지니는 지리, 역사, 문화적 가치가 대단하죠.

우선 이곳을 이해하려면 위성지도부터 확인을 해보면 좋겠습니다. 지도를 보면 이 도시는 북동쪽으로는 흑해, 남서쪽으로는 지중해에 둘러싸여 있고, 동쪽과 서쪽으로 두 대륙의 땅이 '골든혼 만Golden horn'이라는 아주 좁고 긴 바다 길로 갈라져 있습니다. 그런데 갈라졌다는 표현보다는 골든혼 만을 사이에 두고, 두 대륙이 연결돼 있다고 봐야 할 듯합니다. 중요한 것은 이 두 대륙이 그냥 땅이 아니라, 거대한 아시아판과 유럽판의 시작점이라는 것이죠.

이런 개념을 머릿속에 충분히 두었어도, 막상 이스탄불의 유럽판이든 아시아판이든 어느 한쪽에 서서 맞은편의 다른 대륙을 코앞에서 보게 되면 그 풍경이 비현실적이기만 합니다. 이런 엄청난 지리적인 가치를 지닌 곳에서 고대 문명이 싹튼 건 어쩌면 당연한 일이었을 거예요. 로마제국이 훗날 동로마로 부르며 수도를 이곳으로 옮겨, 콘스탄티노플이라고 부른 것도 이 때문이고, 무려 천 년이 넘는 세월 동안 이슬람 제국들이 호시탐탐 이 도시를 빼앗기 위해 스물세 차례나 침략을 시도한 이유도 충분히 이해가 되죠. 당시 가톨릭과 이슬람으로 대변되는 두 거대한 종교와 문화권 중 누가 이 콘스탄티노플을 갖게 되느냐에 따라 세상의 지배권이 달라지는 일이 되었던 셈이었으니까요.

"유럽과 아시아가 나비의 날개라면,
그 중심의 콘스탄티노플은 나비의 몸통이라고 할 수 있습니다."

역사학자이자 『지평선의 군주들Lords of the Horizones』의 저자이기도 한 제이슨 굿윈Jason Goodwin의 인용구인데요. 이 구절은 당시 도시 콘스탄티노플이 아시아의 거대 문명인 이슬람과 유럽의 가톨릭 문명 양쪽에 얼마나 중요한 의미였는지를 실감하게 하죠. 그렇다면 단지 두 대륙을 연결하고, 흑해와 지중해를 연결하는 지리적인 가치 때문만으로 이 도시가 그토록 중요했을까요? 물론 이 지리적인 이점이 너무나 중요하긴 했지만, 이곳에는 콘스탄티노플 자체를 상징하고 더불어 로마가톨릭의 가장 위대한 유산으로 여겨지는 '아야 소피아'가 있었기 때문이기도 했습니다. 그만큼 이 건물은 말그대로 역사적인 사건으로 기록될 만큼 중요한 건물이죠. 이 건물은 그리스어로는 '하기야 소피아'로 불리고, 지금의 튀르키예어로는 '아야 소피아'로 불리는데 일종의 종교집합소 즉 성당입니다. 그렇다면 이 성당 혹은 모스크는 어떤 중요한 가치를 지니고 있는 걸까요?

천오백 년의 기억, 아야 소피아

아야 소피아의 역사는 360년, 4세기쯤으로 거슬러 가야 합니다. 콘스탄티노플 황제는 도시를 만들면서 골든혼에서 보면 바로 유럽 쪽 바닷가, 지금의 아야 소피아가 서 있는 자리에 성당을 만들었죠. 하지만 최초의 성당은 불에 타 없어졌고, 이후 다시 새롭게 같은 자리에 건립이 됐지만 다시 또 폭동에 의해 무너지고, 이런 수난 속에서 드디어 지금의 모습으로 건물이 자리를 잡은 게 6세기532~537 입니다. 지금 봐도 놀라운 거대한 규모의 성당이 채 6년이 안 되는 시간에 만들어졌다는 건데요. 이때 건축디자인을 했던 인물이 바로 당시 건축가이자 물리학자였던 밀레투스의 이시도르스Isidore of Miletus 였죠. 그리고 이 성당의 건축을 지시한 황제가 바로 동로마제국의 황제 유스티니아누스 1세Justinian 483-565 였고요.

이 건물은 상상할 수 없을 정도로 웅장하고 컸다는 것 외에 정말 중요한 가치가 있습니다. 그건 바로 '돔'이라는 기둥을 쓰지 않고 지붕을 덮게 하는 비잔틴건축 기법이 처음으로 선을 보였다는 겁니다. 이건 지금의 유럽과 중동의 종교건물이 모두 돔으로 지어져 무심히 넘길 수도 있겠지만, 그리스의 파르테논 신전처럼 즐비한 기둥을 세워 육중한 지붕을 받치던 건축법에서 기둥 없이 지붕을 덮는 기법으로 바뀐 역사적인 사건이 여기에서 시작되었거든요.

이 돔은 겉으로 보기에는 그냥 지붕의 경사가 둥글다는 느낌으로만 볼 수 있지만 실내에 들어서면 천장이 마치 우주의 하늘을 떠올릴 듯 곧게 솟아 있고, 천체 망원경으로 별을 보는 듯한 느낌이 들게 합니다. 이 돔 기법은 이시도르스가 물리학에 능통했기 때문에 가능했던 것으로 당시 동로마제국의 물리, 수학의 수준이 어느 정도였을지를 충분히 짐작하게 하죠. 건물이 완공되면서 그 이름이 '하기야 소피아' 즉 '성스러운 지혜'로 정해집니다.

스물한 살의 정복왕 메흐메트 2세의 정복

"언젠가 콘스탄티노플은 점령될 것이다.

그리고 그 정복을 이룬 이는 위대한 지도자가 될 것이다."

이슬람의 창시자인 무함마드가 직접 남긴 이 글 속에서도 이 콘스탄티노플이 얼마나 이슬람 문명권의 숙원사업이었는지를 잘 이해하게 하죠. 무려 23번의 시도가 있었지만 끝내 문을 열지 못했던 콘스탄티노플의 육중한 성곽의 문은 드디어 1453년, 메흐메트 2세에 의해 열립니다.

1453년 메흐메트 2세에 의해 벌어진 8주간에 걸친 콘스탄티노플 함락 작전은 지금까지도 전쟁 역사의 전설로 여겨지죠. 당시 스물한 살의 어리지만 전술적이었고, 영민했던 술탄 메흐메트 2세는 콘스탄티노플의 성벽 앞에 8만의 군사를 이끌고 도착하죠. 그리고 이슬람 율법에 따라서 전쟁을 일으키기 전 사신을 보냅니다. '항복하고 왕과 그의 추종자들이 떠난다면 약탈이나 한 사람의 생명도 뺏지 않을 것이다.'

하지만 동로마제국의 마지막 왕 콘스탄티누스 11세는 '이 콘스탄티노플을 넘겨줄 권리는 누구에게도 없다'는 유명한 말과 함께 모두가 자유 의지로 싸우다 죽을 것이라는 답변을 보내죠. 당시 콘스탄티노플에는 아주 오래전부터 떠도는 전설이 있었는데 바로 '콘스탄티누스 1세306~337'에 의해 세워진 이 도시가 같은 이름의 왕에 의해 망하게 될 것이라는 예언이었죠. 사실 11세에 이르기까지 같은 이름 콘스탄티누스는 오랜 기간 반복되었기 때문에 확률적으로도 이럴 가능성이 높았지만, 결국 이 전설은 현실이 되고 맙니다.

당시 메흐메트 2세는 길이 8미터가 넘는 대포인 '바실리카'를 사용하며 세 겹의 성곽으로 싸여 있는 난공불락의 방어선을 깨뜨렸고, 콘스탄티누스 11세는 용병까지 쓰며 끝까지 수도를 지키려 했지만 끝내 전쟁터에서 죽게 되죠. 하지만 그의 시신을 찾지 못했기 때문에 이후에는 또 다른 전설이 생깁니다. '천사에 의해 콘스탄티누스 11세는 돌이 되었고, 훗날 이 돌에서 깨어난 그가 다시 이 콘스탄티노플을 되찾을 것이다'라고 말이죠.

가톨릭 성당에서 모스크로

1435년 오스만제국의 메흐메트 2세 술탄에게 정복된 콘스탄티노플과 아야 소피아는 로마가톨릭의 성지에서 이슬람의 성지로 그 근본이 바뀌게 됩니다. 메흐메트 2세는 아야 소피아의 위쪽에 톱카프 궁전Topkapi Palace을 짓고 술탄과 식솔의 거처 그리고 공식적인 관료의 집무실을 꾸미죠. 그리고 술탄 아흐메트 1세가 1609년부터 8년간 아야 소피아 밑에 메카의 모스크보다 더 화려하고 웅장한 술탄 아흐메트 모스크Sultan Ahmet Camii를 완성합니다. 이 안에는 튀르키예 색이라고도 불리는 파란색의 타일 2만여 장이 장식돼 있어 별명으로 '블루 모스크'로 알려져 있기도 하죠.

이슬람 문명으로 넘어간 아야 소피아도 훼손을 피해가지는 못합니다. 화려한 모자이크로 조각된 예수, 성모 등의 모습을 그린 벽화를 없애거나 회벽으로 발라 지운 것이죠. 하지만 정복자 메흐메트 2세의 입장에서 본다면 적들의 신앙 본거지인 아야 소피아를 이 정도 훼손에서 그치고, 자신들의 성지로 사용했다는 것은 그가 이곳을 진심으로 사랑했다는 반증이기도 해요. 메흐메트는 콘스탄티노플을 함락시킨 뒤, 가장 먼저 아야 소피아로 들어가 그곳을 정말 천천히 눈에 다 넣을 듯이 사랑스럽게 살폈다고 해요. 돔의 꼭대기까지 올라가 건물의 아름다움을 샅샅이 뒤져봤다고 하고요.

15세기 콘스탄티노플 시대로부터 이슬람 시대가 된 후 외형적으로 바뀐 부분은 미너렛Minaret이라고 하는 뾰족탑이 추가된 정도인데요. 이 뾰족탑은 이슬람교에서 가장 중요시하는 일종의 교회종과 비슷한 것으로 여기에 매일 기도자가 올라가 육성으로 기도의 노래를 하고, 이걸 확성기를 통해 도시 전체에 들리게 합니다. 이 기도의 노래는 지금도 옛날 방식 그대로 시행되고 있고요.

지금의 이스탄불 이름은 1930년대부터 쓰여진 것으로 최근의 이름입니다. '도시 속'이라는 뜻이기도 하고, 이슬람인들의 터전이라는 뜻도 있죠. 아야 소피아는 1931년 당시 튀르키예 공화국에 의해 문을 닫은 뒤 수리를 거쳐 1935년부터는 미술관으로 바뀌었는데요. 이게 다시 2020년에 들어선 지금의 정부에 의해 다시 모스크가 되죠. 그래서 지금은 기도하는 예를 갖춘다면 누구나 자유롭게 입장이 가능합니다.

인류가 남긴 기억들 그리고 미래

수도 없는 전쟁을 치뤘고, 서로를 적으로 삼았고, 그 적대적인 두 문명이 격돌하여 융합을 이뤄낸 장소. 지금의 이스탄불이고 그 역사가 고스란히 아야 소피아의 기억이기도 합니다. 메흐메트 2세가 아야 소피아에 가득했던 벽화를 지운 건, 이슬람 성전에서는 사람의 형상을 한 신의 존재를 인정하지 않기 때문이었죠. 특정한 인물로 표현될 수 없는 게 신이라고 봤기 때문에 기하학적 문양이나 식물, 자연 등을 형상화하는 것으로 신의 세계를 표현했으니까요.

역사는 승리자의 기록으로 남겨진다고 하지만 결코 어느 한쪽의 시각에서만 바라볼 수 없는 상호관계라는 걸, 하기야 소피아가 지금의 아야 소피아로 이름을 바꾸어 잘 보여주고 있죠. 콘스탄티노플의 기억을 안고 있는 이스탄불이 미래의 어느 날 또 어떤 이름으로 다시 바뀌게 될까요. 중요한 건 세상 모든 것에 영원함은 없지만 그 기억은 남아서 누군가에게 전해진다는 점이 아닐까 싶네요.

MEDITATION

낙산사, 강원도, 대한민국

료안지 정원, 교토, 일본

소쇄원, 전라남도, 대한민국

"동해 바다를 바라보며 바다의 평온을 빌었던 사찰.

의상대사의 불교적 꿈이, 허균의 정의로운 사회의 꿈이

아직도 파도의 물결처럼 밀려오는 곳."

허균, 의상대사, 한용운의 기억

· 양양, 낙산사와 홍련암 ·

허균의 낙산사

예교가 어찌 나의 자유를 구속하리오.

세상살이 다만 내 뜻에 따를 뿐,

그대는 모름지기 그대의 법을 따르라.

나는 스스로 나의 삶의 살리다.

허균1569-1618이 남긴 시, 「문파관작聞罷官作」입니다. 유교를 숭상하고 불교를 억압했던 조선시대, 불교에 심취했다는 이유로 탄핵되었지만 여전히 꼿꼿한 그의 철학이 보이죠.

동해 바닷가에 우뚝 솟은 낙산에 자리를 잡은 '낙산사'는 다른 어떤 사찰보다 많은 문인이 머물렀고, 이곳에서 영감을 얻어 탄생한 문학작품도 많습니다. 그중 하나가 『삼국유사』에 등장하는 설화 「조신의 꿈」입니다. 승려였던 조신은 한 여인을 사랑하여 그 여인을 얻게 해달라고 낙산사의 관세음보살에게 울며 빌다 잠이 들었고, 긴 꿈을 꾸게 됩니다.

그러고는 그 사랑하는 여인과 살림을 차리고 네 명의 자식을 두었지만, 가난 속에 허덕이다 끝내 헤어지고 마는 40년의 일을 찰나의 꿈속에서 보게 되죠. 꿈에서 깬 그는 세상사의 부질없음을 깨닫고, 전 재산을 모아 관세음보살을 위한 절을 지었다는 이야기입니다. 여기에 등장하는 절이 바로 낙산사죠. 그리고 이 조신의 꿈은 훗날 소설가 이광수의 『꿈』이라는 소설로 다시 발표가 되었고요.

사실 낙산사를 창건한 이는 조신이 아니라 의상義湘, 625-702대사입니다. 그리고 앞서 소개한 한시 「문파관작」을 지은 조선 중기의 문인이자 정치가인 허균도 이 낙산사와 깊은 인연이 있습니다. 지금은 강릉에 편입된 사천면 초당마을이 고향인 허균은 1592년 임진왜란 때 아내와 아들을 잃습니다. 그리고 집을 떠나 외할아버지 김광철이 지은 '애일당愛日堂'에서 숨어 지냅니다. 애일당은 허균이 태어난 공간이기도 한데요. 허균은 이곳에서 3년 동안 낙산사를 오가며 심신을 달랬고 불교와 학문에 정진했습니다. 이때 쓴 시평집 『학산초담鶴山樵談』은 당시 조선의 시와 문학을 이해할 수 있는 귀한 사료가 되었죠.

그리고 그의 다른 작품, 한글소설 『홍길동전』도 기억하실 텐데요. 사실 이 『홍길동전』이 언제 쓰였는지, 진짜 허균의 작품인지에 대해서는 이견이 좀 있기는 해요. 허균이 직접 자신이 썼다고 밝히지 않았고, 다만 훗날 동시대를 살았던 문인 이식李植의 시문집 『택당집澤堂集』 별본에 『홍길동전』의 저자가 허균이라고 나와 있는데, 이 별본은 후에 우암 송시열에 의해서 덧붙여진 부분이라 진위 여부를 가리기 어렵다는 거죠. 하지만 허균이 평소 불교의 자비와 공평에 심취했고 서얼 차등을 없애는 데 앞장서는 등 책의 내용이 허균의 사상을 대변하고 있는 것만큼은 틀림없습니다.

이렇게 많은 문인의 작품에 영감이 되었을 뿐 아니라 동해의 아름다운 풍광으로 유명한 낙산사에는 또 하나의 특별함이 있는데요. 지금은 조계종 산하의 신흥사 말사로 등록돼 있지만, 다른 불교 사찰과는 매우 다른, 바로 양양 낙산사의 숨은 이야기입니다.

바다를 지키는 관세음보살의 사찰

우리나라의 사찰 대부분은 불교의 창시자인 석가모니를 모시고 있지만, 낙산사는 '관세음보살'을 모시고 있습니다. 그렇다면 관세음보살은 어떤 존재일까요? '관자재보살'로도 불리는 관세음보살은 산스크리스트어로 '아바로키테스바라[Avalokiteshvara]'라고 불립니다. '모든 것을 내려다보는 지배자'라는 뜻이고, '석가모니 전세의 스승'이라고도 합니다.

그런데 사실 전통 불교 연구자들 사이에서는 관세음보살이란 존재를 힌두교 최고의 신인 '시바 여신'의 대체로 보는 견해도 있습니다. 즉 관세음보살은 석가모니보다 먼저 열반에 이르렀고 그래서 더 이상 이 세상에 나올 이유가 없었으나, 석가모니가 떠난 후 남겨진 중생들이 갈 길을 잃고 힘들어하자 대자대비의 마음으로 환생했다는 이 설 자체가 석가모니의 불교 사상이 아니라는 것이죠.

어쨌든 인도에서 발생한 불교가 기존 힌두교와 엇갈리거나 합쳐지는 측면이 있었고, 이게 시간의 흐름과 지역적 특징에 따라 변화가 있었을 텐데요. 그 관점에서 보면 관세음보살은 외모, 특징, 성격 면에서 석가모니와는 확실한 차이점이 보입니다. 우선 천 개의 눈과 손을 가지고 있고, 남성이 아닌 여성의 모습을 띠고 있을 때가 많거든요.

어쨌든 심오한 석가모니의 불교 철학에 비해 조금은 쉬운, 중생들을 보살펴 미륵의 세상으로 인도한다는 관세음보살의 사상이 여러 나라 불교에서 많이 숭상되고 있는 건 틀림없습니다. 그중 티베트 불교에서는 이 관세음보살이 현세에서 바로 '달라이 라마'로 태어난다고 보고 있기도 하고요. 그리고 또 하나 이 관세음보살이 특이한 점은 실제로 살았다는 장소가 대부분 '바다'라는 점입니다. 산스크리스트어 불경 속에는 '바닷가에 있는 산에 있다' '인도의 남동쪽 해안가 보타낙가산에 있다'고 쓰여 있고, 또 7세기 당나라 현장법사가 쓴 『대당서역기大唐西域記』에 의하면, '스리랑카로 가는 바닷길 근처에 있다'고도 하거든요.

바로 이런 이유 때문에 특히 바다를 항해하는 상인들은 관세음보살을 가장 많이 모시기도 했습니다. 폭풍우를 잠재우고 무사히 항해하게 해달라는 염원을 바로 이 관세음보살에게 빌었던 것이죠. 양양의 낙산이라는 이름을 바로 관세음보살이 살았다는 '보타낙가산'에서 '낙산' 두 글자를 가져와 지었다는 점에서도 이 절이 바로 관세음보살의 사찰이라는 게 아주 분명해지고요.

그렇다면 이 관세음보살을 모신 절이 석가모니를 모신 곳과 다른 점은 뭘까요? 바로 '대웅전'과 '원통전'인데요. 대웅전은 고대 인도어 '마하비라' 즉 '큰 영웅'이라는 뜻에서 나온 말로, 석가모니를 큰 영웅으로 보고 본존으로 모신 반면, 원통전은 '주원융통周圓融通'의 줄임말로 '중생의 고뇌를 씻어준다'는 의미로 관세음보살을 모신 곳을 말합니다.

의상대사와 낙산사

그렇다면 또 다른 의문점 하나, 왜 의상대사는 석가모니가 아닌 관세음보살을 모신 절을 지었던 걸까요? 이를 알기 위해선 당시 통일신라의 대승이었던 의상과 원효元曉, 617-686의 일화를 다시 들여다봐야 할 것 같아요. 당나라 유학길에 올랐던 둘의 이야기는 잘 알려져 있죠. 그 가운데 원효는 동굴에서 해골에 담긴 물을 먹고, '어디든 내가 있는 곳에 부처가 있다'는 걸 깨닫고 나서 유학을 포기하고 신라에 머물렀다고 알려져 있고요. 하지만 그럼에도 불구하고 당나라로 유학을 떠난 의상의 이야기는 잘 알려지지 않았는데요.

역사적으로 살펴보면 원효의 해골 이야기는 신빙성 문제가 많이 대두되고 있는 반면, 왕가 출신 진골인 의상의 행적은 뚜렷합니다. 당나라로 가서 그가 배운 것이 바로 화엄사상인데요. 불교 경전 중에 『법화경』을 독립시킨 것으로, 흔히 '법계연기法界緣起 사상'이라고도 하죠.

간단히 요약하자면 "우주의 모든 사물은 그 어느 하나라도 홀로 존재하거나 일어나는 일이 없이 모두가 끝없는 시간과 공간 속에서 서로의 원인이 되며, 대립을 초월하여 하나로 융합한다."는 것이죠.

의상은 당나라에서 돌아와 이 화엄사상을 전파하면서, 귀족, 왕족과 서민의 세계가 다르지 않고 하나로 융합됨을 강조합니다. 그러면서 당시 아직 오지 않은 미륵과 극락의 세상을 강조하던 신라 불교를 현실과 통합하고 조화를 이루는 계기를 마련합니다. 그래서 이 화엄의 사상을 잘 알리는 데 '중생들을 대자대비의 마음으로 보살피는' 관세음보살의 위상이 상대적으로 석가모니보다 유리했다고 본 것이고요.

670년, 의상은 당나라에서 돌아와 바닷가 굴에서 수련을 시작하는데, 바로 관세음보살을 만나기 위해서였죠. 그는 보름이 넘는 수행을 거쳐 드디어 파랑새가 되어 찾아온 관세음보살을 만나고 이곳에 절을 짓는데, 그게 낙산사의 시작이 된 '홍련암'입니다. 지금도 홍련암 법당에 엎드려 절을 하다 보면 8센티미터의 작은 사각 유리구멍이 보이는데, 이곳을 통해 의상이 수련했다는 길이 10미터의 동굴을 볼 수도 있습니다.

만해 한용운의 의상대와 산불에서도 홀로 살아남는 홍련암

그런데 이 낙산사는 의상 말고 또 기억해야 할 승려가 한 사람 있습니다. 앞서 의상이 동해가 보이는 곳에 좌선 수련을 위한 암자를 하나 더 지었는데, 폐허가 되어 사라집니다. 그런데 1925년 일제 강점기, 독립운동가였던 만해 한용운이 낙산사에 들렀을 때 당시 주지에게 이곳에 의상을 기리는 정자를 다시 지으면 어떻겠느냐고 제안했던 거죠. 그렇게 재건된 정자가 바로 지금의 '의상대'입니다.

낙산사는 1300년이라는 긴 역사 속에서 소멸과 재건이 계속되었습니다. 임진왜란, 병자호란, 한국전쟁 등 전란에 계속 소실이 됐지만 그때마다 중건됐고, 가장 마지막에 지은 때는 한국전쟁 후인 1953년이었습니다. 그런데 2005년 4월 5일, 밤 11시부터 인근 산에서 시작된 거대한 산불이 초속 30킬로미터의 바람을 타고 번지면서 1975년 재건된 홍련암만을 남긴 채 완전 소실되는 비극이 다시 발생했죠. 정말 처참한 일이 아닐 수 없었는데요.

하지만 새옹지마라는 말처럼, 낙산사는 이 산불 이후 새로운 국면을 맞습니다. 복원 과정에서 다소 어그러졌던 모습을 수정해, 가장 찬란했던 조선 세조 때의 낙산사로 재탄생하게 됐으니까요.

그런데 이때 의외의 인물 '단원 김홍도'가 등장합니다. 김홍도는 정조의 명에 따라 〈금강산전도〉를 그리기 위해 김응환과 함께 가던 중, 이 낙산사의 모습을 그렸는데요. 바로 이 모습이 설계도면에 반영되어 정확한 원통전의 모습과 그간 사라졌던 '동해의 해를 맞이 한다'는 뜻의 빈일루를 복원시킬 수 있었던 거죠. 산수화 속 낙산사의 모습은 김홍도의 그림 말고도 이전 시대인 겸재 정선의 그림에도 남아 있는데요. 이때의 낙산사는 약간 다른 형태여서, 복원의 전체적인 전경은 세조 때의 구성으로 하되, 원통전과 중심 전각의 모습은 김홍도의 낙산사를 기본으로 하게 됩니다.

사실 낙산사의 전각들은 산과 바다의 해안선을 따라, 비정형적이고 산발적으로 흩어져 있습니다. 그래서 전체를 둘러보는 데 상당한 시간이 걸리고, 해안에서 정상까지의 오르내리막도 상당합니다. 또 관세음보살 사찰의 큰 특징 중 하나인 바다를 내려다보는 해수관음상이 1977년 완성되어 보타전과 함께 자리하고 있고요. 여기에 수많은 전란과 재난 속에서도 살아남은 건축물도 있습니다. 원통전을 감싸고 있는 꽃담과 김홍도의 그림에서도 확실하게 나와 있는, 1467년 세조 때 스물여섯 개의 정방형 돌로 만들어진 '홍예문'이죠. 낙산에 가면 이 여덟 가지를 꼭 보고 듣고 오라는 말이 있었습니다.

낙산사의 저녁 종소리와

설악산으로 지는 노을,

마을 밥 짓는 연기와

한밤중 다듬이 소리,

망월대 모래사장의 기러기 떼와

그 위에 떠 있는 돛단배,

그리고 남대천의 물줄기와

가을 달의 정취.

물론 8경을 보는 일 중에는 이미 불가능해진 것도 있습니다. 게다가 산불로 완전히 소실되었다 재건된 낙산사는 분명 옛날의 그 모습은 아니고요. 땅은 그 자리에 있지만, 그 위에 세워진 우리의 흔적은 때론 지워지고, 때론 새롭게 덧입혀지고, 미래에 다른 손길이 더해질 겁니다. 그러니 결국 오래된 공간에서 우리가 만나는 건 지금의 모습이 아니라 흘러온 시간의 흔적들, 그리고 앞으로의 우리 모습일 것도 같습니다.

"닫혀진 작은 정원이 온 우주의 신비를 끌어안고 있는 곳.
떨어지는 나뭇잎 소리마저 생생히 들리는 고요함 속에
진정 우리는 왜 정원을 만들까를 되새기게 하는 사찰의 정원."

수도승의 명상 기억

· 교토, 료안지 정원 ·

식물이 전혀 없는 정원

"선禪은 무의식을 수련하는 종교로 알려져 있다.
그러나 단지 무의식의 세계만을 말하는 것은 아니다.
무의식의 세계로 이끄는 것은 의식의 세계다.
그런 의미에서 우리는 의식을 발현시켜야만 한다."

일본 선종禪宗, 일본식 발음 젠 불교의 후계자로 겐코지建功寺를 지키는 수도승이면서, 현재 젠가든 디자이너로 명망이 높은 마스노 순묘枡野

俊明:1953~가 설파하고 있는 선에 대한 철학입니다.

불교 종파 중 하나인 이 선종은 우리의 의식 수련과 발현을 위해 '명상'이라는 수련법을 권장했는데, 그 명상의 방법 중 하나가 바로 정원을 만드는 일이었습니다. 종교의 공간 속에 이렇게 만들어진 이 젠가든은 이후 일본 정원의 큰 줄기를 이룹니다. 그중 교토의 사찰, 료안지 중정 정원은 그 완성도가 빼어나 백미로 손꼽히죠.

일본 정원이 세계 무대에 등장한 것은 20세기, 일본이 국가 차원에서 자신들의 정체성을 알리는 데 이 정원을 대대적으로 홍보하면서부터였습니다. 영국, 미국, 유럽에서 열리는 세계박람회에 일본식 정원과 분재 등을 선보이면서 서양 사람들에게 일본 특유의 정서를 각인시켰죠. 이때를 기점으로 서양인들 사이에 일본 정원 여행이 폭발적으로 늘었고, 그 가운데서도 요즘말로 '핫 플레이스'가 되었던 곳이 바로 오래된 사찰의 정원, 료안지였습니다.

이 료안지는 한자로 '용안사龍安寺'라고 쓰는데요. 일본의 혼슈 본토 섬인 교토에 자리하고 있습니다. 사실 교토는 12세기 중세에 건립된 계획도시인데요. 위성 지도로 보면 이 계획도시의 흔적이 드러납니다. 교토 전체가 지금의 수도인 도쿄와는 달리 정확한 격자 형태로 반듯하게 정리된 도시라는 걸 알 수 있죠. 그리고 좀 더 들여다보면 생활권은 남쪽으로, 사찰 터는 산이 있는 북쪽으로 조성돼 있음을 알 수 있죠. 료안지도 북쪽의 커다란 사찰 터 안에 있는 작은 법당입니다. 그래서 관람을 할 때 료안지만을 보기보다는 주변에 조성된 큰 연못과 주변 사찰의 조합이 어떻게 이뤄졌는지를 느껴보고, 료안지로 들어서는 게 좋습니다.

료안지는 별도의 대문과 현관이 있어서 현관에서 신을 벗고 들어갑니다. 안은 생각보다 어두워서 조심스럽게 발걸음을 뗄 수밖에 없는데요. 바닥엔 오래된 나무 마루가 깔려 있고, 삐그덕거리는 이 마루를 따라가면 바로 법당이 나옵니다. 법당은 여전히 어두운데 여기서 몸을 180도 돌려 맞은편을 보면 반전이 일어나죠.

바로 환한 빛과 함께 료안지의 중정 정원이 한눈에 들어오거든요. 짙은 어둠과 온화한 밝음이 공존하고, 작지만 한눈에 들어오는 반듯한 직사각형의 공간이 보입니다. 이 공간을 감싸는 낮은 담장은 신기하게도 우리의 시선을 위로 넘어가지 않게, 바닥에 머물게 만듭니다. 그리고 바닥에 놓여져 있는, 자연스럽지만 누가 봐도 뭔가 의미를 두고 놓은 듯한 15개의 돌들과 바닥에 깔린 자갈들이 보이죠. 다소 충격적인 것은 담장 안 정원에 식물의 구성이 전혀 없다는 겁니다. 초록으로 보이는 건 그저 돌에 낀 이끼가 고작이니까요.

대체 왜 이런 정원을 만들었을까요? 사실 이 의문에 대한 답은 법당을 등지고 툇마루에 앉아 숨소리조차 잦아들게 하는 침묵을 얼마간 느낀다면 자연스럽게 알게 됩니다. 가로 31미터, 세로 15미터, 465평방미터, 약 140평의 돌로 가득한 정원은 말 그대로 수도승에 의한, 수도승을 위한 명상과 수련의 정원이라는 것을 말이죠.

수도승은 왜 정원을 만들었을까

료안지는 사실 1797년 화재로 정원만 남긴 채 완전히 소실됐습니다. 이걸 복원한 시점이 일본의 정원 문화가 서양에 열풍을 일으키던 20세기 초, 바로 1930년이었죠. 그런데 이 정원이 서양에 소개됐을 때는 젠가든이 아닌 다른 이름으로 불렸어요. 그건 흙을 완전히 덮어버린 자갈 위에 15개의 돌과 이끼만으로 구성된 이 정원을 '물 없이 물을 표현'했다는 뜻에서 일본 말로는 '가레이산스枯山水', 영어 번역으로는 '드라이정원', 즉 '건조한 정원'으로 명명했기 때문입니다.

하지만 원래는 호소카와細川 가문의 집이었던 곳을 1473년 사찰로 바꾸면서 지금의 정원이 조성되었고, 특히 이 정원은 앞서 언급했듯 '누구나 참선을 통해 깨달음을 얻을 수 있다'는 선의 메시지가 아주 잘 표현돼 있어요. 그렇다면 교토에 선종의 불교가 이렇게 융성할 수 있었던 이유는 뭘까요? 우선 일본과 불교의 관계를 이해하는 게 좋을 것 같습니다. 그래야 료안지도 꼼꼼히 살펴볼 수 있습니다. 일본에 처음 불교가 도입된 지역은 교토에서 멀지 않은 '나라'라는 곳입니다. 6세기경 백제를 통해 전해졌는데, 이후 일본은 불교를 탄압하기도 했지만 점차 중국을 통해 직접적으로 불교를 받아들입니다. 여기에 일본의 토착 신앙인 신토사상과 유교를 결합시켜 신불유습神佛儒習사상이라는 독특한 일본식 종교 문화를 만들어냅니다.

메이지 유신 이후 이어진 불교 탄압으로 이제 일본에서는 불교가 설 자리가 사라진 지 오래지만, 그들의 역사에 불교가 남긴 흔적은 강렬하죠. 일본에서 불교가 가장 융성했던 시기는 792년부터 나라에서 교토로 천도한 12세기 '헤이안 시대'인데요. 이때를 지나 료안지가 지어진 15세기는 이 불교의 양상이 좀 달라졌습니다. 무사 계급의 세력이 황실만큼 커지던 '가마쿠라 시대'인데요. 무사 계급은 황실과 결탁한 귀족의 불교 세력을 밀어낼 수 있는 새로운 사상이 필요했는데, 그게 바로 중국에서 발전시킨 이 선종이었던 겁니다. 결국 기존 귀족을 몰아내고 새로운 권력이 자리를 잡는 데 이 선종의 힘이 필요했던 것이죠.

정원, 수행을 하다

자, 그럼 이 정원에선 매일 어떤 일이 일어날까요? 이른 새벽 이 절의 수도사는 일어나 몸을 씻고, 정원으로 나갑니다. 전날 하루 동안 정원에 떨어진 나뭇잎, 잡초, 이끼를 정갈히 정리한 뒤, 갈고리를 들어 바닥의 자갈을 긁어줍니다. 갈고리에 긁히는 자갈 소리는 파도 소리와 비슷합니다. 자갈은 바다가 되었다가, 우주의 하늘도 되었다가, 수행자의 마음도 됩니다. 그 수행을 매일 새벽 하고 있는 셈이죠. 그게 이 정원을 만든 이유일 테고요.

정원, 우주를 담다

가든디자이너에게 가장 어려운 숙제는, 내가 만들고자 하는 정원의 주제를 어떻게 디자인으로 표현할 수 있을까일 겁니다. 이건 즉 '주제'라는 정신적 세계를, 보여지는 형태로 만들어내는 일이기 때문에 정말 많은 훈련과 고민이 필요하죠. 그렇다면 수행과 명상이라는 주제를 료안지에서는 어떤 가든디자인으로 표현했을까요?

우선 료안지의 폐쇄된 정원에서 열다섯 개의 돌이 가장 먼저 눈에 들어옵니다. 분명 이 돌들은 디자인적으로 중요한 형태가 될 텐데요. 역시 그 배치가 매우 섬세하면서도 정교합니다. 어느 방향에서든 열다섯 개를 한번에 볼 수 없도록 정교하게 조율돼 있죠. 그리고 다섯 개의 그룹으로 묶어서 배열했는데, 이 모양이 동물을 닮았다고 해석하는 전문가도 있지만 산이나 바다에 떠 있는 땅을 상징적으로 표현했다고 보는 것이 정설입니다. 영어의 'nature', 'landscape'이라는 단어를 번역할 때, 우리는 산수山水라고 하죠. 일본도 똑같은 말을 사용하는데, 젠가든인 료안지의 정원 속에 바로 이 산수가 표현돼 있는 셈입니다.

그리고 가든디자인의 시선으로 들여다보면 담장 안 정원에 그 어떤 나무 한 그루도, 초본식물 한 점도 없음을 알게 됩니다. 이건 이 정원을 디자인한 수도승이 식물에 대한 관심이 없어서가 아니라, 이 정원을 만든 핵심이 바로 수행과 명상에 있기 때문입니다. 식물이 피워내는 꽃, 잎, 줄기의 울긋불긋한 색채는 우리의 정신을 가다듬는 데 도움이 되지 않는다고 본 것이죠. 더불어 이 정원은 끊임없이 변화하는 세상사의 고통스러움이 아니라 그걸 끊어내고 이르는 고요함을 상징하니까요.

가든디자이너 입장에서 보면, 료안지 정원은 추구하는 바를 아주 명쾌하게 디자인으로 표현한 좋은 사례라고 볼 수 있죠. 바로 이런 점 때문에 이 작고 조금은 이단적인 정원이 세계적인 정원의 반열에 오른 것이기도 할 테고요. 실제로 이 정원의 등장은 전 세계 백과사전 편집자들을 한동안 혼란스럽게 만들기도 했습니다. 식물이 없는 정원이니까요. 정원을 정의하는 필수 요소로 여겨지던 식물을 과연 빼도 되는가 하는 점 때문이었죠.

정원, 내면의 고요함과 영혼의 소리를 듣게 하다

"마주 보지 않는 비대칭,

군더더기 없는 간결함,

우주의 원리인 브라만과 개인의 원리인 아트만의 상징성,

자연에 대한 경외,

깊은 정신적 사고,

어지러운 관습의 탈피,

그리고 내면의 고요함."

가든디자이너이자 승려인 마스노 순묘는 바로 이 원리가 젠가든을 만드는 가장 중요한 키워드라고 말합니다. 사실 료안지를 누가 디자인하고 조성했는지에 대해서는 아직도 이견이 있기는 하지만, 료안지에서 걸어서 15분 거리에 있는 또 하나의 대형 사찰인 은각사銀閣寺, 긴카쿠지의 정원을 디자인하기도 했던 소아미1455~1525로 추정합니다. 은각사에도 이 젠가든의 가장 독특한 표현 방식인 자갈을 갈고리로 긁어주는 돌 정원이 조성돼 있습니다. 그리고 이곳을 조성한 수도승과 소아미가 그랬듯, 지금도 이 사찰들의 승려들은 대를 이어 매일 새벽 아무도 없는 빈 정원에 홀로 서서 갈고리로 정원에 정갈한 물결을 만들고 있습니다.

"정신을 조용히 하라,

그러면 영혼의 소리가 들릴 것이다."

석가모니의 가르침인데요. 내 마음속의 소리를 잠재우고, 자갈을 긁어내는 소리만이 가득한 정원에서 수도승은 과연 어떤 영혼의 소리를 들었을까요?

교토의 일본 젠가든 기행

교토는 천년 도읍지의 기억을 그대로 갖고 있는 곳이다. 왕궁은 물론 사찰과 시내 거리가 잘 보존되어 아직도 고대의 문화를 잘 느낄 수 있다. 그중 일본의 전통 정원들은 보존상태가 뛰어나 대표적인 일본 관광투어로 자리잡았다.

추천 경로

철학자의 길(도보)

료안지→킨카쿠지(공식 명칭: 로쿠온지)→긴카쿠지→난젠지

- 킨카쿠지(금각사): 1994년 유네스코 세계문화유산으로 지정되었으며 절과 함께 젠가든이 조성되어 있다.
- 긴카쿠지(은각사): 절과 함께 흰 자갈로 조성된 젠가든이 아름다운 곳. 2미터 높이의 은색 원뿔이 세워져 있다.
- 난젠지(남선사): 일본 최초의 선종 사찰. 전각들 사이사이에 젠가든이 잘 조성되어 있다.
- 도후쿠지(동복사): 전통 젠가든 사이에 시게모리 미레이의 모던 젠가든이 있는 곳.

걸어서는 어렵고 택시나 차량으로 2박 3일 정도 돌아보면 고요한 명상의 정원, 일본 전통 젠가든을 만날 수 있다.

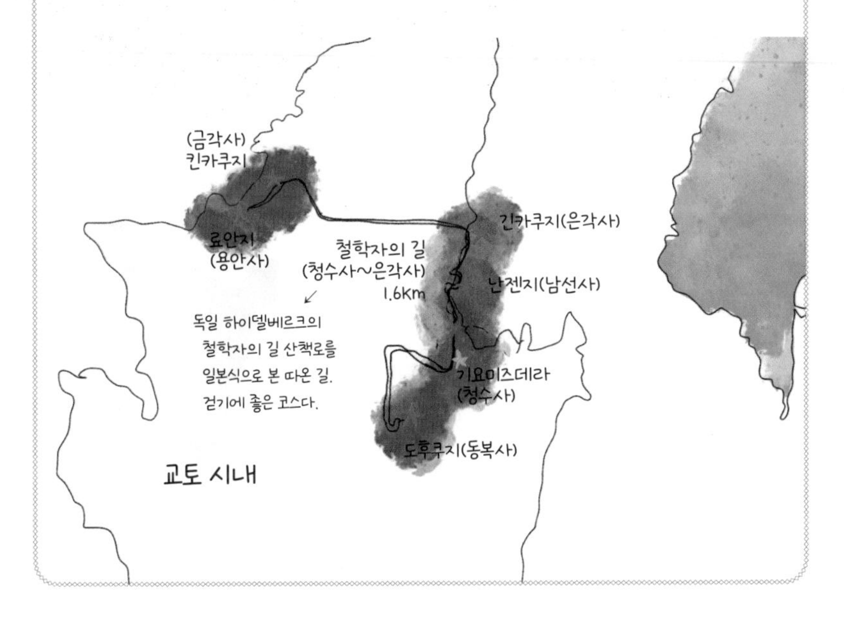

"어디까지가 자연인지, 어디까지가 인간에 의해 만들어진
정원인지에 대한 경계가 불분명한 곳. 주거지에서 떨어져 나와
자연과 소통하려 했던 특별한 우리의 전통 문화를
온몸으로 느껴볼 수 있는 곳."

세상을 등졌으나 열어두었던 양산보의 기억

· 담양, 소쇄원 ·

전남 담양군 남면 지곡리 123번지. 지금은 큰 도로가 나 있고 주차할 수 있는 공간도 생겼지만, 옛날엔 좁은 마을길을 따라 한참을 걸어야 소쇄원瀟灑園의 입구인 대나무숲을 만날 수 있었습니다. 대문을 걸지 않고, 키가 큰 대나무를 군락으로 심고, 작은 오솔길을 낸 입구는 다른 정원과 매우 달라 보입니다.

사실 입구의 대나무 숲은 생각보다 울창하고 어둡습니다. 게다가 잔바람에도 사삭거리는 댓잎 소리가 어쩌다 큰 바람에 실려 잎들이 무리지어 울어대면 마냥 즐거운 마음으로 들어설 수 있는 장소는 아니죠. 하지만 그 대숲 사이로 좁게 구불거리며 난 오솔길을 찾아내면 닫힌 마음이지만 나를 향해 찾아오는 이에게 살짝 열어놓은 마음 한 자락을 보게 됩니다. 그렇다면 이 정원의 주인은 어떤 마음으로 자신의 아름다운 정원의 입구를 이렇게 만들었을까요?

소쇄원으로의 여행은 이 쓸쓸하고 아름다운 닫힌 입구를 이해하는 마음으로부터 출발해야 할 것 같습니다.

광풍각과 제월당

조선 중종 시절, 신진 개혁파였던 조광조가 훈구 세력에 밀려 죽임을 당하는 정치적 사화인 기묘사화1519가 일어나죠. 당시 조광조의 제자였던 양산보는 처참하게 죽게 된 스승을 지켜보며 정치와 권력의 허무함과 세상에 대한 원망을 지닌 채, 모든 관직을 버리고 고향인 담양으로 내려갑니다. 그렇게 칩거한 그는 평생 동안 두 번 다시는 정치에 들어서지 않고, 그곳에서 후학을 키우고, 오로지 정원을 만드는 일로 남은 생을 보냅니다.

그런 의미에서 본다면, 양산보가 만든 소쇄원이라는 정원은 세상을 향해 닫아버린 마음을 스스로 치유하고 혹은 안전하게 자신을 보호하는 장소였을지도 모르겠습니다.

소쇄원은 양산보가 1530년대 짓기 시작했지만, 이후 몇 대에 걸쳐 지속적으로 보완되었기 때문에 오늘날의 모습은 초창기와 다소 차이가 있습니다. 소쇄원의 이름은 양산보가 직접 지은 것으로 알려져 있는데, '맑을 소瀟'에 '뿌릴 쇄灑'가 합쳐져 '맑음이 흩뿌려져 있다'는 의미입니다.

소쇄원은 사실 1755년 제작된 판화 〈소쇄원도〉가 나타나기 전까지는 문인들의 시를 통해서만 전해질 뿐, 그 자세한 부분을 알 수가 없었습니다. 그러나 우암 송시열1607~1689이 그린 그림을 판각으로 새긴 〈소쇄원도〉가 발견되면서 일종의 설계 도면을 얻게 됩니다. 여기에 1548년 김인후가 쓴 「소쇄원 48영」과 양산보의 후손인 양경지1662~1734가 남긴 「소쇄원 30영」 등의 기록이 자료가 되어, 양산보로부터 그 자손들로 이어지는 사이에 어떤 변화가 있었는지 비교적 뚜렷하게 그 흔적이 남아 있습니다.

소쇄원엔 독보적으로 빛나는 두 개의 건물이 있습니다. 바로 '광풍각'과 '제월당'입니다. 양산보는 이 두 개의 건물 이름을 모두 중국의 시에서 따왔죠. 중국 송나라 시대의 명필가였던 황정견이 지인이었던 유학자 주돈이1017~1073에게 헌사했던 시 구절이 있습니다.

> "가슴에 품은 뜻이 맑으며,
> 그 맑음이 마치 비 갠 뒤에
> 해가 뜨며 부는 청량한 바람과도 같고,
> 비 개인 하늘의 상쾌한 달빛과도 같다."

바로 여기에서 '광풍각光風閣'과 '제월당霽月堂'이라는 이름을 가져온 거죠.

그중 광풍각에는 주로 찾아오는 손님을 머물게 했는데, 세 칸 중 가운데 한 칸 방에 아궁이를 두어 불을 땔 수 있습니다. 이 광풍각은 분합문을 모두 들어 올리면 기둥만 남게 되는데 이때 건물이 사라진 듯 보이면서, 앞뒤, 좌우의 풍경이 고스란히 투과됩니다. 건축물이 정원의 일부가 돼버리는 진정한 차경의 묘미를 그대로 보여주죠.

문인 김인후는 1548년 「소쇄원 48영」에서 이 광풍각을 '침계문방枕溪文房'이라 칭하며 이렇게 설명합니다.

"머리맡에서 개울 물소리를 들을 수 있는 선비의 방으로
창은 밝고, 첨대는 맑고, 그림과 글씨는 수석에 비치고,
뒤엉키는 착잡한 이념이 솔개와 물고기인 양 떠돈다."

이에 반해 제월당은 두 칸이 대청이고, 나머지 한쪽 끝이 아궁이 방으로 양산보가 직접 기거했던 곳입니다. 하지만 아궁이가 있다고 해서 이곳이 양산보가 살았던 집이라는 뜻은 아닙니다. 집안 식솔들과 살았던 집은 따로 있고, 정원에 기거하는 동안 잠을 잤던 방인 셈이죠.

이렇게 주거지를 떠나, 자연 가까운 곳에 정원을 만들고 머물

렀던 정원의 형태를 전문적으로는 '별서정원別墅庭園'이라고 합니다. 이 별서정원은 중국의 원림에서 영향을 받은 게 틀림없지만, 중국보다는 우리나라에서 더 발달된 우리의 가장 전통적인 정원 양식입니다.

~~~~~~~~~~~~~~~~

소쇄원의 정원 구성

이제 소쇄원 정원을 차분히 걸어볼까요. 울창한 대나무 숲속 오솔길을 올라서면 전체 정원의 풍광이 한눈에 들어옵니다. 그리고 제월당과 광풍각을 감싸고 있는 'ㄷ' 자 형태의 담장이 소쇄원의 경계를 눈짐작으로 알게 하죠. 그런데 이 담장이 두드러지지 않는 이유는 사람 가슴께 정도로 키가 낮고, 높낮이가 달라서 시각적으로 막혔다는 느낌이 들지 않기 때문이에요.

키가 낮은 담장은 사람 키를 훌쩍 넘겨 담을 치는 이웃나라인 중국, 일본과도 매우 다른 우리나라만의 독특한 조성 방법입니다. 우리가 담장을 낮춘 이유는 담장이 경계와 차단의 의미가 아니기 때문입니다. 담장을 낮추면 담장 밖의 자연이 들어와, 어디까지가 자연이고 어디까지 사람에 의해 조율이 된 정원인지 그 경계가 분명하지 않게 됩니다. 이 '자연과의 경계 흐림'은 소쇄원의 내원 끝자락인 오곡문五曲門의 담장 밑으로 개울이 흐르도록 구멍을 낸 부분에
~~~~~~~~~~~~~~~~

서 더욱 극명해집니다.

담장을 쳤지만 그 밑으로 물이 흘러 정원을 통과하도록 만든 조율은 마치 서양화가 미켈란젤로의 그림 〈천지창조〉에서처럼 신과 인간의 손끝이 서로 닿을 듯 말 듯, 자연과 인간의 정원이 연결되는 순간처럼 느껴집니다.

말하자면 이 낮은 담장의 역할은 경계의 표시라기보다는 북서쪽의 찬바람으로부터 정원을 보호하되, 정원 전체의 자연스러움을 잃지 않게 하려는 양산보의 뛰어난 미적 감각이라고 할 수 있죠. 이 담장의 이름인 '애양단愛陽檀', '따뜻함을 사랑하는 담장'이라는 뜻에서도 그 역할은 분명해 보입니다.

"은화살같이 쏟아지는 비에
파초의 잎이 출렁이며 춤을 추네.
빗소리 들으면 고향 생각 짙어져
이 마음 쓸쓸함이 가시는구나."

김인후의 「소쇄원 48영」 중 '43영'에 '파초'가 언급된 부분입니다. 바나나 나무로 알려 파초는 큰 잎을 지닌 관상식물로, 겨울 추위가 매서운 우리나라에서는 월동이 어려운데 소쇄원엔 파초에 대한 기록이 남아 있죠. 그래서 이 글을 유추 해석해보면, 상당 기간 소쇄원에 이 이국적인 식물이 심어졌던 것으로 보입니다. 파초가 이곳에서 이렇게 자랄 수 있는 이유는 이 담장 덕분으로 이곳에선 숲속이지만 온화한 겨울나기가 가능했을 겁니다.

물소리 가득한 정원

사실 소쇄원의 식물들은 세월의 흐름에 사라지거나 새롭게 심어져 양산보가 직접 어떤 식물을 심었는지에 대해서는 정확하게 알 수 없습니다. 하지만 문헌을 토대로 보면, 단풍나무, 배롱나무, 참오동, 벽오동, 왕대나무, 살구나무, 매화나무, 측백나무가 심어졌고, 소나무는 그곳에서 자생하고 있던 것으로 보입니다. 또 초본식물로는 돌 틈에서 키운 석창포, 맥문동, 창포도 언급이 돼 있습니다. 그런데 소쇄원의 가장 큰 역할은 식물보다 소쇄원을 더 강하게 관통하는 것, 바로 '물'입니다.

"담장 밑을 통해 흐르는 물,
살구나무 그늘 아래 굽이치는 물,
지척이라 물소리 들리는 곳에
분명 다섯 굽이로 흐르는구나.
가파른 바위에 펼쳐진 계류,
흐르는 물이 돌을 씻어 내려오니,

한 바위가 온통 골짜기를 꿰뚫었구나."

양경지가 남긴 「소쇄원 30영」의 구절입니다. 계류는 인공적으로 뿜어내는 서양 정원의 핵심 요소인 '분수'와는 매우 다른 물의 공간이죠. 인위적으로 물을 쓰지 않는 대신, 자연의 계류를 이용해 정원을 만들기 때문에 물은 낙차를 이용해 위에서 밑으로 떨어져 정원은 늘 물소리가 가득합니다.

하지만 양산보는 이 물을 그냥 흘려보내기만 한 것이 아닙니다. 여기에 그의 손길이 살짝 더해집니다. 흐르는 계곡의 한 줄기를 돌려 두 개의 연못에 물을 담았으니까요. 위아래로 있다 해서 '상지', '하지'로 불리는 이 연못은 물이 조금 느리게, 조금 더 정원에 머물다 갈 수 있도록 만든 디자인적 장치입니다. 원래 자연 계류가 빠르게 소쇄원을 관통하고 있을 것을 옆으로 끌어내 좀 더 머물 수 있는 물의 공간을 만든 것이죠.

더불어 이 두 개의 연못은 장마철 집중 호우가 쏟아지면 계곡의 물이 불어 계류 옆에 지어놓은 광풍각과 제월당을 덮치지 않도록 대비해주는 역할도 합니다.

선비의 정신을 담은 정원

소쇄원을 설명하는 표현은 참 많죠. 그중, '조선 선비의 정원'이라는 별칭도 있습니다. 글, 그림, 음악을 사랑했던 조선 중기 선비의 철학이 고스란히 담겨 있다는 뜻이죠.

소쇄원을 거닐다 보면 여러 이름과 마주합니다. 봉황을 기다린다는 엄청난 뜻과는 달리 초가를 얹는 매우 소박한 원두막인 '대봉대', 매화를 심었던 계단식 화단인 '매대', 계곡의 물을 잠시 담아 두었던 두 개의 연못인 '상지', '하지', 따뜻함을 사랑한다는 담장인 '애양단', 복숭아를 줄지어 심었던 '도오'……. 양산보 자신이 직접 이름을 짓기도 했지만, 그곳을 찾은 지인들이 집주인의 초대에 감사하여 정원 곳곳에 이름을 지어주고, 시로 남겨 칭송을 했던, 세월이 켜켜로 축적된 공간이 바로 소쇄원입니다.

그래서 소쇄원이라는 정원을 온전히 이해하려면, 눈으로 보이는 풍경 전에, 양산보가 이곳을 조성했던 마음, 세상의 풍파를 씻어내고, 맑은 바람이 머물게 하려 했던 그 뜻과 수많은 그의 지인들이 대나무 숲의 어두운 입구를 열고, 그곳을 찾아가 양산보와 자신의 마음을 어루만지며 위로했던 그 마음을 이해하는 것이 먼저라는 생각도 듭니다.

PASSION

베르사유 정원, 플레이스 담스, 프랑스

길상사, 서울, 대한민국

알람브라 궁전, 그라나다, 스페인

졸정원, 쑤저우, 중국

"아직도 세계에서 가장 넓고, 가장 돈을 많이 들여 조성한 정원으로 손꼽히는 곳. 반듯하고 정형화된 예술성의 극치를 보여주는 곳으로. 서양 정원사에서 왜 이 정원을 '백미'라고 칭하는지 그 문화를 이해할 수 있다."

절대권력과 욕망 그리고 허무함의 추억

· 프랑스, 베르사유 정원 ·

보르비콩트의 교훈

정원을 순수하게 인류의 취미 공간으로만 볼 수 있을까요? 17세기 프랑스의 정원을 보면 아니라고 해야 할 것 같아요. 당시 정원은 권력을 과시하는 공간이었고, 그곳에 서 있는 수목의 위치와 형태, 조형물 하나에도 강렬한 메시지가 숨어 있었으니까요.

프랑스 베르사유 정원은 흔히 루이 14세의 정원이라고도 하지만, 그 이야기는 당시 그의 재정장관이었던 니콜라 푸케Nicolas Fouquet,

[1615-1680]의 정원 '보르비콩트[Vaux -le-Vicomte]'로부터 출발해야 합니다. 푸케가 재정장관으로 활동을 시작했던 시기는 정확하게 1653년부터였죠. 그리고 그가 보르비콩트를 완성하고 대대적인 파티를 열었던 시점이 1661년입니다. 루이 14세의 신임을 얻은 지 8년 정도의 시간이 흐른 때였는데요. 그런데 왕까지 초대했던 이 파티는 결국 엄청난 비극을 불러오고 맙니다.

그날의 파티는 정말 화려했습니다. 수백 명의 사람들이 초대됐고, 당시 프랑스 최고의 극작가 몰리에르의 작품이 시연되었으며, 발레 공연과 야간 불꽃 쇼까지 펼쳐졌죠. 물론 이렇게 푸케가 성대한 파티를 연 목적은 자신의 저택과 정원을 자랑하고 싶어서였습니다.

그의 정원은 그간 본 적이 없는 새로운 규모의 디자인이었습니다. 그 축이 3킬로미터에 달했고, 건물의 테라스에서 쭉 뻗은 직선 끝에는 4미터에 가까운 헤라클레스의 상이 세워져 있었고요. 또 정원은 방대한 크기뿐만 아니라 마치 화려한 카펫을 보는 듯한, 일정 패턴으로 장식된 '파테르[Parterre]'라는 신개념 화단이 펼쳐져 있었습니다.

하지만 이 정원에서 당시 스물세 살이었던 루이 14세는 엄청난 불안감에 휩싸입니다. 재정장관으로서 푸케의 재력이 왕실을 능가할 정도인 데다, 몰려든 사람들의 인파는 두려움까지 느끼게 한 거죠. 이로부터 몇 주 되지 않아 드디어 사건은 터집니다. 루이 14세는 푸케를 국가의 재정을 횡령하고 왕의 권위를 훼손했다는 혐의로 감옥에 가둡니다. 뿐만 아니라 보르비콩트를 비롯한 그의 모든 재산을 몰수했고, 결국 푸케는 1680년, 감옥에서 세상을 떠납니다.

역사상 가장 돈을 많이 쓴 정원

그렇다면 루이 14세는 무엇 때문에 그렇게 두려움을 느꼈을까요? 실은 우리가 아는 태양왕 루이 14세는 처음부터 권력이 막강했던 건 아니었습니다. 아버지 루이 13세가 세상을 떠나고 네 살의 나이로 프랑스 역사상 가장 나이 어린 왕이 되었는데요. 어머니 앤 왕비Anne of Austria와 재상이자 추기경이었던 마자랭Cardinal Mazarin의 강력한 후원으로 왕은 될 수 있었지만 힘이 약했습니다.

결국 1648년, 아홉 살이 되던 해에 루이14세는 프랑스 귀족들의 반란으로 궁에서 쫓겨나 겨우 목숨만 부지하는 삶을 삽니다. 생전 처음 겪어본 배고픔과 배신의 상처, 외로움은 5년 동안 이어졌고, 후에 왕궁으로 복귀하긴 했지만 이 어린 시절의 상처는 평생 트라우마로 남았죠. 이 사건을 계기로 그는 누구도 자신의 권위에 도전할 수 없는 강력한 왕이 될 것을 다짐합니다. 이런 맥락에서 본다면 그가 왜 푸케의 파티에서 공포를 느꼈는지, 왜 가장 신뢰했던 재무장관을 감옥에서 죽게 했는지를 어느 정도는 짐작할 수 있을 것도 같습니다. 그리고 푸케를 감옥에 가둔 같은 해 재상인 마자랭도 죽자 그는 새로운 재상을 더 이상 뽑지 않고 자신이 모든 것을 직접 통치하는 프랑스 역사상 가장 강력한 왕이 됩니다.

"짐이 곧 국가다."

이 유명한 말도 그가 스물세 살 때에 한 말입니다. 뿐만 아니라 '신은 자신을 통해 직접 말한다'고 천명하면서, 종교의 정치 개입도 막았죠. 또 스스로 '태양'을 상징으로 쓰면서 훗날 그의 별칭이 '태양왕'이 되었던 거고요.

그리고 이때부터 루이 14세는 왕권을 과시하기 위해 푸케가 했던 일을 그대로 따라 합니다. 파리와 떨어진 왕실의 사냥터였던 베르사유 궁을 확장하고 개조하는 데, 보르비콩트를 담당했던 건축가 루이 르 보[Louis Le Vau], 화가 샤를 르브룅[Charles Le Brun, 1619~1690], 그리고 정원을 디자인한 앙드레 르 노트르[André Le Nôtre, 1613~1700]를 그대로 기용했던 것이죠. 이때 이들에게 내린 루이 14세의 명은 하나였습니다.

"보르비콩트보다 더 크고 더 화려하게 만들어라!"

1682년, 건물과 정원이 완성되어 왕실의 공식 궁이 파리에서

베르사유로 옮겨졌습니다. 공개된 궁은 실로 어마어마했죠. 그런데 루이 14세가 가장 공을 많이 들인 부분은 건물보다는 정원이었는데요. 정원은 보르비콩트의 디자인을 그대로 빌려왔지만, 그의 바람처럼 더욱 크고 화려해집니다. 세 배 이상으로요.

하나의 축으로 이어진 물길만 무려 5.7미터, 50개의 연못 분수와 620여 개의 제트 물 분수가 설치됐고요. 500개가 넘는 조각물이 배치되죠. 보르비콩트에서 선보인 '파테르'는 그 패턴이 더욱 화려해지고, 크기도 두 배나 커졌고요. 이때 완성된 베르사유 궁전과 정원은 전체 평면도를 한판에 그리기도 어려울 만큼 역사상 가장 크고, 가장 돈을 많이 쓴, 강렬하고 화려한 최고의 정원이었습니다. 이 기록은 지금도 깨지지 않고 있고요.

최초의 전문조경가, 앙드레 르 노트르

이 정원의 열쇠를 쥐고 있는 디자이너 앙드레 르 노트르에 대해 알아볼까요. 그는 원래 3대를 이어온 왕궁 정원사 집안의 사람이라, 정원 전문가로 이미 유럽 전체에 소문이 자자했습니다. 푸케의 보르비콩트는 물론이고, 1667년 나폴레옹이 개선문[Arc de Triomphe]을 추가한 그 유명한 파리의 샹제 리제[Champs-Élysées] 가로수 길을 디자인했고, 이보다 전인 1664년에는 지금도 파리의 대표 공원인 튈르리 정원

Tuileries Garden도 디자인했죠.

정원 역사에서는 이 르 노트르 식의 디자인을 특별히 '프랑스식 포멀가든' 혹은 '바로크 정원'이라고 합니다. 강력하고 확실한 하나의 축을 세운 뒤, 이 축의 좌우를 뚜렷하게 대칭으로 놓아 균형 잡힌 압도적인 힘을 느끼게 하는 디자인 기법이죠. 이는 18세기 말 영국의 '풍경 정원'이 나타나기 전까지 100년 넘게 유럽 전역에 가장 큰 영향을 끼친 정원양식이었습니다.

그런데 여기서 궁금한 점이 생깁니다. 지금과 같은 과학 기술이 없을 때, 어떻게 5킬로미터가 넘는 직선의 축을 정확하게 만들어 낼 수 있었을까요? 게다가 그 수많은 분수와 연못의 물은 대체 어디에서 공급되고, 어떻게 한꺼번에 뿜어져 나온 걸까요? 그건 당시 프랑스의 수학과 과학의 발달과 연관이 깊습니다.

당시 프랑스는 정치뿐만 아니라 예술, 과학, 수학 등의 학문 또한 유럽 최강이었죠. 우리에게도 익숙한 수학자인 데카르트René Descartes, 1596-1650는 물론, 17세기 위대한 수학자인 피에르 드 페르마Pierre de Fermat, 1601-1665, 파스칼Blaise Pascal, 1623-1662 등이 모두 이 시기 프랑스에 있었으니까요.

아마 이런 수학, 과학의 이론이 발전하지 않았다면 베르사유는 4년이라는 시간 동안 그 방대한 면적을 그토록 화려하면서도 기능적으로 만들어낼 수 없었을 겁니다. 베르사유 시공에는 약 1,800여 명의 기술자가 투입됐는데요. 이들이 거의 모두 수학자이면서 과학자였던 것이죠. 이들은 센 강의 물을 수로를 통해 끌어오는 방법, 지름 1미터 정도의 14개의 바퀴를 돌려 251개의 펌핑 장치를 움직이게 하는 방법, 비록 흙을 바구니에 담아 사람이 퍼 날랐지만 오차가 없는 정확한 토목공사 작업, 이 모든 것을 가능하게 했으니까요. 당시 르 노트르는 측량 각도기Graphometer라는 걸 썼는데요. 이 측량 각도기는 이미 1597년, 필립보 당프리에Philippe Danfrie에 의해 발명되어 축을 계산하는데 1도의 오차도 없었다고 합니다.

그래서 영국 뉴캐슬 대학의 토니 스파우포스Tony Spawforth 교수는 베르사유 정원에 대해 이런 분석을 하죠.

> "베르사유 정원은 예술적 완성만큼이나
> 엔지니어들의 수많은 노고로 이뤄진 과학의 완성이다."

권력의 정원, 그 흥망성쇠의 기억들

베르사유 정원은 14개의 독립된 정원이 각각의 주제로 연출되어 있습니다. 이 모든 공간이 실로 어마어마하지만, 그래도 가장 강한 위용을 보여주는 곳은 중앙에 위치한 두 개의 분수죠. 초입에 위치한 분수에는 라토나 여신의 조각이 있습니다. 라토나 여신은 쌍둥이인 태양의 신 아폴로와 달의 여신 아프로디테의 어머니입니다. 다른 하나는 '아폴로 분수'인데, 태양의 신 아폴로가 신화에서 처럼 네 마리의 말이 끄는 마차를 타고 물속에서 밖으로 튀어 오르는 모습의 조각되어 있습니다. 조각상은 말 근육까지 느껴질 정도로 웅장하면서도 생생하죠. 이 두 분수는 자신을 태양이자 절대 권력으로 투영한 루이 14세의 상징을 그대로 보여주는 셈이고요.

이후 프랑스혁명으로 심각하게 훼손된 베르사유 궁과 정원은 복구에 대한 찬반론도 치열했습니다. 천문학적인 비용 탓에 그냥 없애버리자는 여론도 많았지만, 왕가의 전유물이었던 궁과 정원을 일반인도 자유롭게 드나들 수 있게 하자는 취지에서 1919년부터 복원을 시작해 1979년엔 세계문화유산으로 등재됩니다. 약속대로 누구나 찾아갈 수 있는 시민의 정원이 된 것입니다.

오경아의 정원인문기행 노트 7

프랑스 포말정원 기행

정원은 17세기 강력했던 프랑스 문화를 대표적으로 간직하고 있는 곳이다. 그 도면은 마치 수학자의 노트처럼 직선과 기하학으로 가득 차 있다. 정원 도면은 자연까지 인간의 강력한 통제하에 두려 했음을 잘 알 수 있다. 우리와는 전혀 다른 개념의 정원문화와 디자인을 만들어낸 곳에서 서로 다름과 그 의미를 생각해 보는 것도 좋을 듯하다.

추천 경로

일단 장거리 운전은 필수. 파리 인근에도 정원이 있지만 2시간 남짓 거리에 떨어져 있기 때문이다. 공항에서 차량을 렌트해 사용하고 반납하는 것이 가장 좋다.(다행히 운전석 방향이 우리와 같다.)

지베르니 정원(잉글리시 플라워 가든, 포말은 아니지만 아름다워서 추천)→베르사유 궁의 정원→보르비콩트 정원→슈농소 성→쇼몽인터내셔널 가든쇼→빌랑드리 정원

- 슈농소 성: 2000년 유네스코 세계문화유산 지정. 16세기 건축물과 포말정원이 아름답다.
- 쇼몽 인터내셔널 가든쇼: 영국 첼시 플라워쇼와 함께 가장 유명한 정원쇼 중 하나.(4월에서 10월까지 개최)
- 빌랑드리 정원: 고성들과 함께 연출된 포말정원이 21세기 채소를 키우는 텃밭 정원으로 바뀌어 더욱 화제가 된 곳.

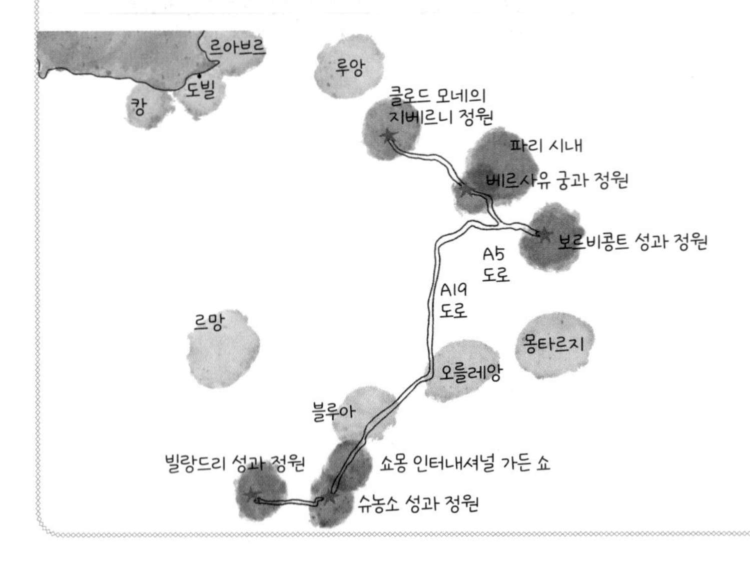

“요정이었던 수려한 건물이 마치 화장을 지우고
맨얼굴로 돌아가듯, 사찰로 사용되고 있는 길상사는
다른 절들과는 매우 다른 화려하지만 수수하고,
그렇지만 여전히 아름다운 세속의 자태를 지니고 있다.”

성북동과 대원각, 법정스님의 세월이 묻힌 곳

· 성북동과 길상사 ·

성의 북쪽, 성북동 이야기

서울시 성북구 성북동 323번지. 길상사의 주소입니다. 이곳을 가려면 복잡한 성북동의 중심지를 지나야 합니다. 가까운 전철역인 '한성대입구'에서 북악산을 향해 오르다 보면 밀집한 주택가 사이로 웅장한 일주문이 등장합니다. 일주문 위에는 추사 김정희를 잇는 명망 높은 서예가이자 독립운동가의 후손인 여초 김응현이 쓴 '삼각산 길상사三角山 吉祥寺'라는 현판이 보입니다.

'길하고 상서롭다'라는 의미의 길상사는 우리나라의 아름다운 사찰로 늘 손꼽히는데, 정작 역사는 25년 정도밖에 되지 않습니다. 그러나 짧은 역사와 달리 조선시대부터 지금까지, 우리나라의 굴곡을 그대로 끌어안은 장소이기도 합니다. 자, 본격적으로 길상사로 가기 전에, 길상사가 되기 전 요정料亭이었던 '대원각'과 '성북동' 이야기를 먼저 해보겠습니다.

조선왕조 600년의 도읍지였던 한양은 도시와 마을의 발달에도 깊은 역사의 결이 숨어 있죠. 1840년에 그려진 〈수선전도首善全圖〉라는 지도를 보면, 한양을 둘러싼 네 개의 산과 서울성곽 그리고 여덟 개의 문이 보입니다. 이 성곽을 조성한 사람은 태조 이성계이지만 완성한 사람은 세종대왕이고, 병자호란과 임진왜란을 거치며 무너진 것을 재건한 사람은 숙종입니다.

조선왕조를 통틀어 한양을 감싼 이 성곽의 안과 밖은 그 구별이 아주 분명했죠. 성곽 안에는 왕궁인 경복궁, 창덕궁과 함께 관료와 식솔이 살았던 마을이 조성되었는데, 경복궁 서쪽에는 '청운동'과 '효자동', 경복궁과 창덕궁 사이에는 '가회동', 창덕궁의 동쪽 '혜화동'이 만들어졌습니다. 결론적으로 성곽 안은 조선왕조 최대 권력가들의 주택지였지만, 성곽 밖은 성안으로 들어올 수 없는 사람들의 가난한 삶의 터였죠.

일제 강점기 성북동의 탄생과 요정 관광

그런데 이 엄격했던 성안과 성 밖의 경계가 무너지는 일이 생깁니다. 바로 1915년, 일제가 세운 '경성 시구역 개수계획'에 의해 성곽이 파괴되면서부터였죠. 이때 가장 큰 변화를 본 곳이 성북동이었는데요. 성북동은 성의 바깥, 북쪽에 위치한 동네로, 도심에서 살짝 비켜나 있는 데다, 북악산의 자연 경관이 수려했던 탓에, 성벽이 허물어지자 도심과의 길이 열리면서, 관료, 사업가들의 별장지로 각광을 받죠. 더불어 일본의 고급 요릿집 '료테이'에 영향을 받은 아름다운 정원이 함께하는 요릿집인 요정도 이곳에 자리를 잡게 됩니다.

이 요정들은 해방과 한국전쟁을 거쳐 근대에 접어들면서 정치와 긴밀한 관계를 맺게 됩니다. 1956년 한일정상회담, 1972년 남북조절위원회, 남북적십자 회담 등 국가 주요회의가 이 요정에서 치러졌고, 1980년대에는 '요정 관광'을 국가가 주도할 정도여서 200여 개가 넘는 요정이 생겨나게 된 것이죠. 그중에서 가장 유명했던 요정이 청운각, 대원각, 삼청각인데, 여기에서 두 곳이 바로 성북동에 위치해 있었습니다.

아직 명확히 증명되지는 않았지만, 대원각을 처음 세운 이가 월북한 남로당의 핵심인사 박헌영이라고 보는 시각이 많습니다. 한 독지가가 건넨 독립자금으로 박헌영이 대원각을 건립했다는 설인데요. 분명한 것은 한국전쟁 후 조영구의 명의로 돼 있던 이 대원각을 여기에서 일했던 기생 김영한이 인수해 1997년까지 운영했다는 사실이죠.

가난한 예술가의 정착지

하지만 이런 밀실정치의 역사를 품은 성북동에는 다른 이면도 있습니다. 바로 정지용, 조지훈, 이태준, 한용운, 염상섭 등 가난했지만 누구보다 정서적으로 풍요로웠던 문화예술가들의 보금자리였다는 것인데요.

> 성북동 산에 번지가 새로 생기면서,
> 본래 살던 성북동 비둘기만이 번지가 없어졌다.
> 새벽부터 돌 깨는 산울림에 떨다가
> 가슴에 금이 갔다.
> (……)

1968년 김광섭의 시 「성북동 비둘기」 중 일부입니다. 이미 채석광은 사라진 지 오래됐지만, 이 시는 오랫동안 빈민가 성북동을 상징적으로 표현한 시였습니다. 근대사에 이르면서 성북동은 최고급 별장, 요정과 함께 최하위 빈민층의 삶이 공존했던 묘한 장소였던 셈이죠.

그리고 시간이 더 흘러 1990년대 말, 물욕의 상징과도 같은 대원각이 '무소유'의 법정스님에게 전달되는 기가 막힌 드라마가 만들어지면서 성북동은 또다시 새로운 역사를 맞습니다.

법정의 길상사와 자연주의자, 헨리 데이비드 소로

무소유란 아무것도 가지지 않는 것이 아니라,
불필요한 것을 가지지 않는 것이다.

2010년 3월 11일, 자신의 모든 책을 절판하라는 유언을 남긴 채 돌아가신 법정스님이 쓴 글이죠. 법정스님은 일제 강점기였던 1932년 전남 해남에서 태어나 스무 살에 한국전쟁을 겪었고, 스물두 살 되던 해인 1954년 경남 통영 미래사에서 승가생활을 시작했습니다.

살아온 생애가 역사적으로 결코 순탄치 않았던 만큼 법정스님의 불가 행적도 남달랐어요. 송광사 뒷산에 직접 '불일암'을 짓고 길고 긴 수련 생활을 했고, 돌아가시기 전까지 있던 곳은 전기도 들어오지 않는 강원도 진부의 산골 암자 '일월암'이었죠.

사실 법정스님은 1년에 두 번 정식 법회에 참석하는 것 말고는 길상사에 머물지도 않았습니다. 그러다 말년 폐암 치료를 위해 이 길상사에 머물다 입적을 했으니 길상사와 법정스님 사이에 끊어질 수 없는 인연이 있었던 듯도 싶어요.

법정스님이 가장 좋아했던 인물 중 한 명은 미국의 자연주의 철학자, 헨리 데이비드 소로Henry David Thoreau, 1817-1856라고 합니다. 암자를 거의 떠나지 않았던 법정스님이 미국을 세 번이나 방문한 것도 바로 이 소로가 잠시 머물렀던 호숫가 '월든Walden'을 찾기 위해서였다고 하고요.

나는 삶의 본질과 대면하고,
내 뜻대로 살기 위해 숲으로 왔다.
만약 숲이 가르쳐준 것을 깨닫지 못한다면,
죽음을 맞이하는 순간,
내 삶이 헛된 것임을 알게 될 것이다.

소로가 월든에서 지내며 쓴 글입니다. 월든에서 생활하며 발표한 수필집 『월든Walden: Or Life in the Woods』은 당시에는 큰 이목을 끌지 못했지만, 그의 사후 지금까지 전 세계인에게 큰 영향을 끼치고 있죠. 법정스님도 이 소로의 사상에 매료됐던 분이셨고요.

김영한으로부터 대원각 기증을 제안받은 것도 1987년 미국에서의 일이라고 하니, 소로와 법정스님, 길상사로 이어지는 맥락이 신기하다는 생각이 들기도 합니다. 비록 10년의 시간이 흘렀지만, 스님은 결국 이 대원각을 기증받아 길상사를 창건하죠.

길상사는 당시 법정스님이 송광사에 적을 두고 있었기에 지리적으로는 떨어져 있지만, 송광사의 말사로 등록되었습니다. 절의 이름도 송광사의 옛 이름인 '길상사'라 짓고, 더불어 대원각을 기증한 김영한에게도 '길상화'라는 법명을 내려줬죠.

성북동에서, 길상사에서 나의 삶을 지켜보자

이후 법정스님과 길상사는 엄청나게 파격적인 행보를 보입니다. 1997년 12월 14일, 길상사 창건일에 의외의 인물을 초대해요. 바로 우리나라 천주교의 수장, 김수환 추기경이었습니다. '산 정상에 오르는 길은 여러 갈래다'라는 평소 지론처럼 타 종교와의 조화를 중시했던 법정스님의 지론에 따라, 김 추기경이 초대됐던 거죠. 그리고 1년 후, 법정스님 역시 1998년 12월 24일에 명동성당에 초대되어 종교적 회합을 도모했고요.

파격은 이뿐 아니었습니다. 혜화동성당 성모 마리아상을 조각한, 천주교 신자인 서울대 최종태 교수에게 길상사에 들여놓을 관세음보살의 조각을 의뢰해 세상을 더욱 놀라게 했으니까요.

길상사는 불교 사찰의 구성인 가람 배치가 매우 독특합니다. 우리나라의 사찰의 일반적인 가람 배치는 통일신라 때 정착되었는데, 남북으로 이어지는 일차형 배치에 탑을 중심으로 중정을 만드는 구성인데요. 요릿집이었던 대원각에서는 이 원리를 전혀 적용할 수가 없었습니다.

현재 미륵보살을 모시고 있는 극락전이 'ㄷ'자의 사대부 주택의 형태인 것도 이 때문인데요. 이후 사찰 부속건물이 보강되기는 했지만, 원래 대원각의 건물을 그대로 사용했기 때문에 이곳은 절이지만 별장 터의 느낌이 강합니다. 특히 부지를 관통하고 있는 계곡은 한낮에도 어두울 정도로 녹음이 우거져 있고, 그 계곡을 넘나드는 다리와 주변 풍경 덕분에 길상사 전체가 마치 아름다운 차경 정원 속에 담겨 있죠.

대원각 기증 당시, 김영한은 시인 백석1936~1938의 기념사업을 요청한 것으로도 유명한데요. 김영한은 자신이 바로 백석의 시 「나와 나타샤와 흰 당나귀」의 나타샤이며 백석으로부터 '자야'라는 호를 받았다고도 했습니다. 여기에 대해서는 백석 연구학자들의 이견도 많습니다. 그러나 김영한과 백석 관계의 진위 여부와 상관없이 그녀가 백석의 시를 사랑했고, 당시 시가 천억이 넘었던 대원각보다 백석의 시 한 줄을 더 값어치 있다고 여겼다는 것은 틀림없는 사실입니다.

인간의 수도 없는 삶을 지켜본 성북동과 길상사는 앞으로도 수많은 인간의 삶을 지켜보게 될 텐데요. 부귀와 영화를 쫓다 결국 다 내려놓고 되돌아가는 인간의 삶을 어떻게 바라보고 있을까요? 그래서 길상사에 도착하면 깊은 마음으로 법정스님의 말을 읊조려 봐도 좋을 듯합니다.

행복할 때는 행복에 매달리지 말라.

불행할 때는 이를 피하려고 하지 말고, 그냥 받아들여라.

그러면서 자신의 삶을 순간순간 지켜보라.

맑은 정신으로 지켜보라.

"250년 이슬람 문명의 항전지, 그 요새 안에 만들어낸
최고의 정원. 화려하지만 정치·문화의 쇠락을 온몸으로
받아들인 아픔의 흔적과 그 위에 덧입혀진 새로운 문화의
융합이 오묘하게 아름다운 곳."

250년 항전 속에 피워낸
이슬람 최고 정원의 기억

· 스페인, 알람브라 궁전과 정원 ·

천 년 이슬람의 도시, 그라나다의 함락

스페인의 화가 프란시스코 오르티스Francisco Ortiz가 그린 그림 한 점은 스페인 역사에 가장 중요했던 순간을 담고 있습니다.

그림 속에는 두 그룹의 군중들이 마주 서 있습니다. 왼쪽 그룹에는 검은 말을 타고 터번을 두른 아랍 왕이 있죠. 그는 기품을 지키고 있지만, 이미 굽어진 몸이 고단함과 슬픔을 말해줍니다. 하지만 맞은 편, 흰색 말을 탄 여왕의 모습은 허리가 뒤로 젖혀질 정도로 꼿꼿하고 위풍당당합니다. 이 좌우 군중의 대립 속에 그림의 뒤편 언덕으론 우리에게도 익숙한 이름의 '알람브라' 건물이 보입니다.

이 그림은 바로 1492년 1월 2일, 안달루시아의 마지막 아랍 왕, 무함마드 5세로 불렸던 보아브딜Boabdil이 통합된 스페인 가톨릭의 통치자 이사벨 여왕과 페르난도 2세 왕에게 항복하고 그라나다를 떠나는 장면을 그린 〈그라나다의 항복La Rendición de Granada〉입니다. 390년이 흐른 후, 화가의 상상력으로 그려졌지만 그림은 그때의 모습처럼 생생하기만 합니다.

두려움이 만들어낸 지상낙원, 알람브라 정원

인류의 역사는 참으로 복잡다단하고, 그 어떤 곳도 순탄한 곳이 없죠. 하지만 그중에서도 이 안달루시아는 종교, 문화, 인종의 갈등이 끊임없이 충돌했던 곳입니다. 그런데 바로 이런 극심했던 충돌과 갈등 속에 인류가 인정하는 세상에서 가장 아름다운 궁전과 정원인 '알람브라'가 탄생한 것은 참 묘한 역사의 아이러니일지도 모르겠습니다.

안달루시아는 스페인 남쪽지방을 일컫는 말로, 코르도바, 세빌, 우엘바, 하엔, 말라가, 카디스, 알메리아 그리고 그라나다까지 여덟 개의 지방이 포함된 곳입니다. 지금은 스페인이 유럽으로 분류되지만, 8세기의 세계 지도는 지금과는 상당히 달랐어요. 유럽이 아니라 지중해라는 문화권으로 서로 묶여 있어서 아프리카 대륙의 북쪽인 모로코와 그 인근도 같은 문화권이었죠. 사실 지금의 지리적 상황으로도 스페인의 이베리아반도의 끝, 지브롤터와 아프리카의 모로코는 바다로 갈라져 있지만, 거리가 불과 14.24킬로미터밖에 안 돼서 정기 여객선이 운항을 하고 맑은 날이면 서로를 관측할 수 있습니다.

무함마드의 후계, 안달루시아에 자리를 잡다

자, 그럼 왜 이슬람 문화가 스페인 알달루시아에 정착했는지를 알려면 632년, 7세기의 역사로 거슬러 가야 할 듯합니다. 이 당시 이란, 이라크, 사우디아라비아를 포함한 아랍문명에는 이슬람 종교의 창시자인 무함마드가 메카에서 죽고 난 후, 엄청난 후계 싸움이 벌어집니다. 그리고 그 후계 싸움의 혼돈 속에 기존의 아랍 왕족과 이슬람의 후계자들이 홍해를 건너 북아프리카로 이동하는 일도 벌어지죠.

이 과정에서 북아프리카에는 베르베르인들이 살았는데, 이들이 이슬람을 종교로 받아들여 '북아프리카 이슬람인'이라는 뜻의 '무어인Moors'이 생겨났고요. 안달루시아는 바로 이 무어인들이 지브롤터를 통해 정착한 곳으로 첫발을 내디딘 때가 717년이었죠. 이

후 이들은 안달루시아 전체를 통합시키며 화려한 문명을 이룹니다. 1000년 대의 안달루시아, 코르도바는 세계에서 가장 큰 도시로 교육, 문화, 정치, 과학의 메카였죠. 그래서 당시 유럽의 왕족 자녀들이 유학을 가는 필수 장소이기도 했고요.

그러나 13세기에 접어들면서 아랍 왕조는 내부의 권력 다툼으로 쇠약해지고 있었고, 결국 안과 밖의 사면초가 속에 아랍 왕조는 1237년, 그라나다만을 남긴 채, 모든 안달루시아 지역을 잃게 되죠. 유일하게 남은 그라나다는 곧 함락이 될 것 같았지만 쉽게 무너지질 않았어요. 그건 바로 난공불락의 요새 알람브라 때문이었습니다. 아랍 왕조는 바로 이곳에서 무려 255년을 항전했는데요. 신기한 건 언제 함락이 될지 모르는 고립된 이 항전 속에서 알람브라의 백미로 불리는 건축물과 정원이 완성됐다는 것이죠.

알람브라는 해발 100미터의 시에라네바다산맥 끝, 그라나다 전체를 내려다보는 곳에 로마인들이 만든 요새였어요. 로마가 떠난 후 버려졌다가, 11세기에 잠시 아랍 왕조에 의해 쓰여졌고, 다시 방치가 된 것을 스페인의 침공이 거세지자 1230년부터 움마이야[Umayyd] 왕조가 요새를 강화하고 새로운 궁전을 지으면서 다시 시작되죠. 그리고 이때부터 1492년까지 약 262년 간 알람브라는 가장 불안했지만 가장 화려한 역사를 써내려갑니다.

그래서 고고학자들은 이렇게 말하기도 해요.

"알람브라는 두려움이 만들어낸 최고의 아름다움이다."

요새에서 궁전으로, 알람브라의 역사

알람브라는 각 건물의 설립연도와 양식이 매우 복잡합니다. 원래 건물을 덧입혀 확장을 했는가 하면, 새로운 왕이 나타나 개조와 신축을 끊임없이 했고, 1492년 아랍 마지막 왕조가 떠난 뒤에도 이사벨과 페르난도에 의해 가톨릭 건물로 바뀌었고, 1526년에는 신성로마제국의 카를 5세의 점령하에 이탈리아 르네상스 건물이 들어서기도 했으니까요.

이런 복잡한 양식의 알람브라지만 구조적으로는 전 구역을 세 개의 범주로 나눌 수 있는데요. 첫 번째 구역이 바로 군사적인 목적의 요새입니다. 여기에 비교적 초장기 알람브라의 모습이 많이 남아 있죠. 타워를 만들고, 보초가 늘 그라나다 도시 전체를 지켜볼 수 있게 만든 곳으로 이 지역을 '알카사바Alcazaba'라고 부릅니다.

여기를 통과해 좀 더 들어서면 두 번째 구역인 '나스리 왕궁터'를 만나게 됩니다. '중세 아랍 문명의 진수'를 그대로 보여주는 이곳에 그 유명한 '돌사자 분수 중정'이 있죠. 돌로 만든 12마리의 사자가 입에서 물을 뿜고 있고, 이 분수의 물이 열십자로 중정을 가로지릅니다.

물이 없는 곳에서 만든 물의 정원

건축적으로 왜 이곳이 백미로 손꼽히는지는 기둥, 지붕, 벽에 가득한 문양의 장식, 그리고 사자 분수의 디테일을 보면 잘 알 수 있습니다. 정말 혀를 내두를 정도로 정교하고 화려해서 보는 순간 긴 설명을 듣지 않아도 충분히 이해가 되죠. 하지만 여기에 숨겨진 비밀을 하나 더 알게 되면 더욱 놀랄 수밖에 없습니다. 바로 하루 종일 사자의 입에서 뿜어지는 '물'이에요.

스페인에서 가장 덥고 강수량이 적은 안달루시아에서 하루 종일 물을 뿜어내는 분수가 가능하다는 건, 이곳이 과학적으로 얼마나 치밀하게 설계된 물의 공간인지 증명합니다. 알람브라의 모든 건물은 중정을 품고 있고, 이 중정에는 반드시 분수 혹은 연못이 있어요. 그렇다면 중정의 의미는 무엇이고, 이 물은 과연 어디에서 어떻게 온 것일까요?

그 비밀은 바로 알람브라로부터 6킬로미터 떨어진 다로Darro 강에서 시작되죠. 이 강물을 알람브라까지 가져오기 위해 당시 아랍의 기술자들은 산속에 세 갈래의 수로로 디자인합니다. 평균 폭 1미터, 2미터 깊이의 수로를 통해 가져온 물은 알람브라 곳곳의 우물에서 위로 퍼 올려지고, 낙차를 이용해 이 물이 정원 곳곳을 흐르게 한 것이죠.

사실 중세 아랍의 문명을 두고, 현대 과학의 모태라고 하는데요. 수학, 과학, 예술이 정말 고도로 발달했습니다. 요즘의 계산기를 그때 당시 이미 만들었고, 화학의 원소 기호를 발명하고, 인도 숫자를 받아들여 계산법과 대수학의 기초를 세우는가 하면, 지금의 현대의학과 원예, 서양정원의 기법도 모두 이때 완성했으니까요. 600년 전, 이곳 알람브라의 수로의 기법 또한 이 과학과 기술력의 힘이라고 할 수 있습니다.

알람브라의 3요소, 물, 식물, 건물

물로 가득한 알람브라 정원에 대해 좀 더 이야기해보자면, 정원은 크게 세 개의 단어로 특징 지을 수 있습니다. 바로 '물', '식물', '건물'이죠. 그중 가장 중요한 물은 바로 식물을 키우는 필수 요건인데요. 이 물은 또 다른 목적도 있었어요. 사막기후에서는 정원을 건물 안에 가두는 중정의 형태로 만들 수밖에 없는데, 그건 뜨거워진 건물을 뚫린 정원이 식혀주기 때문이죠. 그리고 이때 분수와 연못이 직접적으로 온도를 떨어뜨리는 역할을 하는 것이고요.

알람브라의 식물은 다양한 역할을 했습니다. 이곳에는 대추, 아몬드, 오렌지, 레몬, 월계수, 허브 등이 자라고 있었는데, 자급자

족의 삶을 살아야 했던 알람브라인들에게 열매는 식재료가 되어주었고, 더불어 만발한 꽃으로 불안한 삶에 정신적 안정과 기쁨을 주는 역할도 했습니다.

더불어 중정 정원을 둘러싼 건물도 온통 타공된 문양으로 가득하고, 창문조차 없는데요. 밖에서 보면 내부가 답답할 것 같지만, 막상 건물 안으로 들어가면 그 이유를 바로 눈치 채게 됩니다. 타공된 문양 틈으로 햇살과 그늘이 교묘하게 섞여서 건물 안은 시원하면서도 채광이 확보돼 어둡지 않습니다.

어떤 문화유산이든 거기엔 그곳을 살아간 사람들이 자연 속에서 공존하며 쌓은 삶의 지혜가 담겨 있죠. 특히 천 년이 넘는 시간을 고스란히 담고 있는 공간은 그곳에 남겨진 기억들이 우리에게 말을 걸어옵니다. '지금 당신은 어떻게 살아가고 있습니까' 하고.

"거대한 정원에 붙여진 소박한 이름, 졸정원.
중국 정원은 물을 중심에 두고, 그 물을 바라보며 건물을 지었고,
건너편에서 서로가 서로에게 풍경이 되어준다.
중국 정원의 원류를 찾아볼 수 있는 곳."

권세를 누렸지만
초라해진 정치인의 장대한 꿈의 기억

· 쑤저우, 졸정원 ·

오나라의 수도, 쑤저우에서 정원이 꽃피다

우선 중국의 지도를 놓고 보면 쑤저우의 위치는 양쯔강 하구, 동남쪽, 상하이 옆입니다. 한자를 우리 식으로 읽으면 '소주蘇州'인데, 여기에서 '蘇'는 '되살아날 소'로, '풀 초艸', '물고기 어魚', '벼 화禾'가 모여 이루어진 글자입니다. 바로 이 글자가 어쩌면 쑤저우의 자연환경을 극명하게 보여준다고도 볼 수도 있습니다.

쑤저우는 무엇보다 물이 풍부합니다. '장강'이라고도 불리는 '양쯔강'의 하구에 위치한 데다, 서쪽으로는 중국에서 세 번째로 큰

'타이호'가 있고, 시내에도 '양청호', '두수호' 등의 호수가 있죠. 또 위도가 낮아 날씨가 따뜻한 덕에 식물이 아주 잘 자라서, 아주 오래전부터 이곳 일대가 중국 최대의 곡창지대였고요.

또 쑤저우는 격자 형태의 수로와 운하가 도시를 가르는데요. 이 때문에 얼핏 신도시처럼 느껴지기도 하지만, 실은 아주 오래된 역사를 지닌 도시죠. 운하는 무려 7세기 수나라 때 만들어졌고, 이보다 전인 3세기는 중국 역사상 가장 영토전쟁이 심했던 때인 '위진남북조' 시대인데, 삼국지로도 잘 알려진 위, 촉, 오 중 바로 오나라의 수도가 바로 이 쑤저우였으니까요.

그리고 훗날 14세기에서 20세기 '명, 청' 시대로 오면, 이때는 이곳이 '문풍이 가장 성한 곳', 즉 문화가 가장 번성한 곳으로 발전합니다. 이곳이 곡창지대였던 탓에 지주들이 많았고, 또 당시 중앙 정치권에 있던 관료들이 정치에서 물러나면 대부분 이곳에 내려와 문화적 여유를 즐기며 노년을 보냈기 때문입니다.

현재 쑤저우 안에 유네스코 문화재로 등재된 곳이 무려 200군데가 넘는다는 점만 봐도 그 명성을 실감할 수 있는데요. 그런데 더 특이한 점은 이 문화의 핵심에 바로 '정원'이 있다는 점이죠. 쑤저우에는 또 '졸정원'과 함께 중국 4대 정원으로 꼽히는 '유원'도 있고, 가장 오래된 정원으로 알려진 '창랑정', 기괴한 암석 정원인 '사자림'과 '망사원' 등 하나만 있어도 놀라울 정원들이 줄지어 들어서 있습니다.

일보일경의 아름다움을 만들다

그렇다면 쑤저우 사람들은 정원을 왜 이렇게 정성을 다해 만들었을까요? 그건 정원 안에 들어선 건물의 이름과 그 목적에서 그 마음을 엿볼 수 있을 것 같습니다.

'선비들을 초대하여 즐거운 시간을 갖는다'는 의미의 '청당廳唐', '독서와 그림을 즐긴다'는 '재관齋館', '경치를 즐긴다'는 각종 정자와 누, '누구와 더불어 앉을 것인가, 밝은 달, 맑은 바람, 그리고 나'란 뜻의 '여수동좌헌'.

모두 졸정원에 있는 건물 이름인데요. 흔히 중국 정원을 한마디로 표현하면 '일보일경一步一景'이라고 해요. 바로 한걸음을 뗄 때마다 달라지는 경치를 만들고, 그걸 배경으로 사람이 머무는 건물을 짓는 일이 정원 조성의 핵심이었던 건데요. 다시 말하면 정원은 단순히 물, 돌, 식물을 아름답게 배치해 경치를 만들어 구경했던 곳이 아니라, 그 안에 사람의 마음을 내려놓고, 치유하고, 즐겼던 '사람을 위한 공간'이었던 거죠.

"정원에 물을 대고, 채소를 키워,
아침저녁 음식으로 제공하며 사는 것 역시,
세태를 따르지 않고 우직함을 지키는

수졸하는 자의 위정이 아니던가."

(灌園弩蔬 以供朝夕之膳 此亦拙之爲政也)

진나라 시대 문인 반악潘岳, 247~300의 산문, '벼슬을 버리고 한가로운 삶'이라는 뜻의 「한거부」에 등장하는 문구인데요. 1509년 어사까지 지낸 왕헌신이 정치에서 물러난 뒤 자신의 고향인 쑤저우에 내려와 정원을 조성하려 할 때, 반악이 쓴 이 글 속의 '못난 사람이 다스리는 일'이라는 뜻을 따서, '졸정원'이라는 이름을 지었다고 해요.

하지만 이름과는 달리 이 정원은 그 규모가 1만 5천 평에 이르고, 정원의 구성 요소인 연못, 정자의 수와 화려함도 왕궁 정원인 베이징의 이화원과 어깨를 나란히 할 정도죠. 본격적으로 졸정원을 걷기 전에 중국 정원의 특징을 알고 가도 좋을 것도 같아요.

우선 가장 큰 특징은 바로 '담'입니다. 눈높이를 넘기지 않는 우리의 담과 달리 중국 정원의 담은 아주 높고 견고합니다. 무려 4미터에 달할 때도 있는 이 담장 탓에 주변으로부터 완전히 차단됩니다. 그래서 정원이라는 갇힌 공간에 자기만의 '유토피아'를 만들었다는 표현이 더 정확할 듯해요.

또 하나는 우리나라에서는 보기 힘든 '곡랑'인데요. '지붕이 덮인 구불거리는 회랑'으로, 햇볕과 비를 피해 거닐 수 있는 일종의 길입니다. 이 곡랑의 지붕을 때론 용 모양으로 만들기도 하고요. 그리고 정원 안에도 시선을 차단하는 담이 많은데, 여기에 둥근 달 모양의 '월문'이나 '화병문', 담 너머 다른 정원을 볼 수 있는 '화창' 등 문을 만들어, 닫힘과 열림이 확실한 것도 큰 특징입니다. 또한 바닥 처리도 우리와는 사뭇 다릅니다. 다양한 재질의 바닥재를 사용하여 여기에 특별한 문자인 '복'이나 '수' 등을 새기거나, 행운, 부귀를 상징하는 '박쥐', '구름' 등의 패턴을 넣기도 하죠.

더불어 우리나라도 '돌'을 사용하지만 크게 도드라지지 않게 수목과 함께 연출하는 반면, 중국의 정원은 기괴한 구멍이 있거나 뒤틀린 괴석을 수목도 없이 배치할 때가 많죠.

서로가 서로에게 차경이 되는 묘미

이 모든 중국 정원의 요소가 졸정원에도 가득한데요. 여기에 보태 좀 더 특별한 매력도 있습니다. 우선 1만 5천 평이라는 거대한 규모 탓에 공원으로 오해할 수도 있지만 이곳은 사유지 정원이고요. 정원의 3분의 1이 물로 가득 차 있습니다. 정원은 크게 세 부분으로 나뉘는데, 면적이 커서 분리를 했을 뿐 연못으로 다 연결됩니다.

입구에서 먼저 만나는 정원이 동쪽 정원, '동원'인데요. 이곳은 '원림 기법'으로 만들어졌어요. 이 원림은 우리나라 정원에서도 많이 쓰는 용어인데, 계성이 쓴 일종의 정원 기술서 『원야』에 처음으로 등장합니다. 총 세 권으로 구성돼 있습니다. 이 가운데 원림의 조성법에 대해 이런 구절이 나오죠.

> "대지의 선정이 합당하고 적절하면
> 정원 구성은 잘 이뤄진다.
> 비록 사람이 만든 것이나,
> 마치 하늘이 자연이 이룬 것처럼 만들어야 한다."

그래서 졸정원의 동원은 다른 구역보다 훨씬 더 자연스러운 동산의 연출이 잘 돼 있고, 그중 대나무 원림이 대표적이죠. 여기를 지나 가운데 '중원'으로 접어들면 졸정원의 가장 화려한 부분을 만날 수 있어요. 그런데 여긴 건물은 대부분 남쪽으로 배치하고, 북쪽에 흙을 좀 더 돋아 올려 수목을 심었죠. 그래서 정원이 남쪽 건물에서 좀 더 높게 잘 보입니다. 연못엔 두 개의 섬을 만들어 다리로 연결했는데, 여기에 지어진 정자에서 연못 건너 남쪽 건물이 보여서, 서로가 서로에게 차경이 되는 묘미를 잘 살렸고요.

중원을 지나면 가장 깊은 곳에 위치한 서쪽 정원, '서원'인데요. 이곳은 나중에 청나라 말에 만들어져서 건물이 좀 더 화려하고, 길게 휘어진 곡랑 길이 압권입니다.

화가, 문진명의 설계도

화가 문징명은 1533년 화집 『왕씨졸정원기』 안에 졸정원을 아주 많이 그렸는데요. 연구자들은 이 『왕씨졸정원기』가 정원이 완성된 후 그린 것이 아니라, 문징명이 일종의 설계도로 그린 그림으로 보고 있죠. 이걸 바탕으로 정원을 만들었다고 추측하고 있고요.

졸정원은 13년에 걸쳐서 만들어졌지만, 정작 왕헌신은 이곳에서 3년밖에는 살지 못했어요. 그가 죽자 아들에게 상속됐는데, 도박에 빠져 이 정원을 동원, 중원, 서원으로 쪼개 팔았고, 이후 정원은 급격하게 망가지고 원형도 많이 훼손됐는데, 1978년 국가가 환수해 지금의 모습으로 복원하게 됩니다. 문화 전문가들이 한결같이 하는 말이 있습니다.

"문화에 우열은 없다. 단지 다름이 있을 뿐이다."

졸정원은 중국인들의 농축된 사유를 담고 있습니다. 우리 정원과 공통점도 많지만 의미와 그 형태가 참 다르죠. 그 다름은 그곳의 자연에 적응하며 살아온 사람들의 농축된 경험과 정서가 디자인으로 발현된 것이고 그래서 문화는 '좋다, 싫다'의 호불호를 떠나, 그 집단 경험과 지혜를 생각하는 것이 그 이해의 시작일 듯합니다.

PLANTS

울릉도, 경상북도, 대한민국

천리포 수목원, 충청남도, 대한민국

쾨켄호프, 리세, 네덜란드

큐 왕립식물원, 리치몬드 어폰 템즈, 영국

"식물의 진화가 생생하게 살아 있는 섬. 한국 자생의 고유종을
가장 많이 보유하고 있는 울릉도는 물 위뿐만 아니라
물 아래 산, 해산의 의미도 크다. 울릉도를 새로운 시각으로
볼 수 있는 해산들을 다시 생각하게 하는 섬."

지구의 역사를 품은 진화의 기억

· 울릉도 ·

바다 밑에 숨어 있는 세 개의 해산

만약 바닷물이 없다면 이 지구는 이웃해 있는 화성이나 금성처럼 전체가 땅으로 연결돼 있겠죠. 늘 바닷물로 가득 차 있기 때문에 물 속을 우리가 모르고 있을 뿐이고요.

이번 울릉도 여행은 좀 색다르게 이 바닷물 아래에서 출발해 볼까 합니다. 울릉도 인근 바다 밑에는 '울릉반구'라는 단단한 지반이 형성돼 있어요. 이 지반은 수백만 년에 걸쳐 화산 활동으로 마그마가 뿜어져 나오고 식는 과정이 반복되면서 단단한 암반으로 만들어졌습니다. 이 지반 위에 다시 화산이 폭발해 주변으로 거대한 산이 여러 개 만들어졌는데요. 그중 하나가 바로 울릉도입니다.

그래서 사실 울릉도는 혼자 외롭게 떠 있는 섬이 아닙니다. 주변 물속 산을 보면 동쪽으로 40킬로미터 떨어진 곳에 전체 높이 1,700미터의 산, '안용복 해산'이 있습니다. 1997년 우리나라 해양 2000호가 처음 발견했고, 17세기 울릉도를 탐사했던 인물 안용복의 이름을 따서 지은 산이죠.

그리고 울릉도에서 80킬로미터 떨어진 곳에 '독도'가 있고, 그 바로 옆으로 2,000미터의 '심흥택 해산'이 있는데요. 심흥택은 대한제국 시절 울릉군수로 일본이 허락도 없이 독도를 자기네 영토로 편입시켰다는 걸 고종에게 알리고 일본에 항의했던 인물입니다. 이 심흥택 해산 옆으로 약간 낮은 또 하나의 산으로, 신라시대 울릉도를 정복한 이사부 장군의 이름을 딴 '이사부 해산'도 있죠.

만약 바닷물의 높이를 기준점으로 삼지 않고 바다 밑 단단한 지면으로부터 울릉도 전체의 높이를 잰다면 약 3,000미터에 이릅니다. 물밑의 산까지 포함한다면, 울릉도는 한라산보다 높고, 독도는 울릉도보다 여섯 배나 더 큰 섬입니다.

바다 밑을 아는 게 무척 중요합니다. 만 오천 년 전쯤의 지구의 마지막 빙하기에는 지금보다 해수면이 100미터 정도 내려가 있었기 때문에, 한반도 주변 대부분의 섬이 대부분 육지로 연결돼 있었죠. 제주도도 원래는 육지였던 거고요. 하지만 울릉도는 바다 평균 수심이 1,500미터라, 46억 년 지구 역사 동안 처음부터 섬이었던 겁니다. 그래서 육지였다가 바닷물이 올라와 섬이 된 곳과 원래부터 섬이었던 울릉도는 생태 진화 역사가 매우 다릅니다.

~~~~~~~~~~~~~~~~

'울릉도는 처음부터 섬이었다', 진화의 기억

1859년은 생태과학 역사에 한 획은 그은 때인데요. 찰스 다윈의 저서 『종의 기원』이 바로 이때 출판됩니다. 의학도였지만 의학 공부에는 별 관심이 없던 다윈은 로버트 피츠로이Robert Fitzroy 선장의 탐험선에 동승해 남아메리카 에콰도르 인근의 섬들, 갈라파고스 제도를 탐험했는데요. 이 갈라파고스에서 목격한 생명체들의 특이점을 연구한 끝에 3년 만에 '종의 기원'이라는 과학설을 만들죠. 이게 가능했던 건 갈라파고스가 바로 외부와 접촉하지 않은 단절된 섬이었기 때문이고요.

사실 육지의 경우는 생명체의 이동이 많아 종이 아주 복잡하게 섞이기 때문에, 원래 기원을 알아내기가 힘듭니다. 반면 고립된 섬은 하나의 종이 그곳의 자연 기후에 적응하며 자체적으로 진화된 것이라, 원형이 많이 남게 되는 거죠. 바로 이런 이유 때문에 섬은 생태학적으로 매우 중요한 교과서가 됩니다.
~~~~~~~~~~~~~~~~

예를 들면 울릉도에 서식하는 '섬나무딸기Rubus takesimensis Nakai'가 있는데요. 원래는 육지의 산딸기씨가 바람에 날려 혹은 바다를 건너 울릉도에 도착했을 것으로 보고 있어요. 이 산딸기는 워낙 달달한 열매를 맺기 때문에 야생동물들이 좋아해서 따 먹기 일쑤죠. 그래서 산딸기는 자신의 씨를 보호하기 위해 줄기와 잎에 가시를 만들어서 쉽게 접근할 수 없도록 하는데요. 그런데 울릉도에 도착한 산딸기는 살아보니 자신을 먹어치우는 산토끼나 노루와 같은 천적이 없다는 알게 되죠. 그래서 산딸기는 가시 만드는 일을 포기하고 더 크고 탐스러운 딸기 즉, '씨'를 만드는 일에 집중합니다. 결론적으로 울릉도 섬나무딸기는 육지의 산딸기와 같았지만 수만 년 동안 섬에서 다른 진화를 택해 덩치와 열매가 커진, 전혀 다른 딸기나무가 된 셈입니다.

이런 독특한 식물의 진화는 울릉도에서 수도 없이 목격되고 있어서 식물학자들은 이 울릉도를 '멸종된 공룡이 살아 있는 것과 같다'고 표현합니다. 이런 사실을 숫자로 좀 더 단순화시켜볼까요. 우리나라 자생식물 종을 대략 4천여 종으로 보는데, 이 중 12퍼센트가 이 울릉도 작은 섬에 있고요. 자생종보다 더 중요한 '고유종'이라는 개념이 있는데요. 이건 영어로 '엔더미즘endemism'으로 전 세계 어디에도 없고 그 장소에만 있는 종으로, 생태학적으로 엄청나게 중요한 가치를 갖습니다. 이 고유종이 울릉도에 약 50여 종이 있죠.

그런데 이 50여 종도 울릉도에 대한 생태학적 연구가 아직도 진행 중이어서, 그보다 훨씬 많은 고유종이 있을 것으로 추측하죠.

18세기 프랑스 탐험가에 눈에 비친 울릉도

"섬은 정상에서 바닷가까지
아름다운 나무들로 덮여 있고,
깎아지른 성벽과도 같이 장엄한 바위 성벽이
섬 전체를 두르고 있었다."

이 글귀는 프랑스 탐험가 라페루즈가 탐험선을 타고 이 울릉도를 다녀간 뒤 써놓은 글로 1787년 5월 27일의 기록이죠. 이 기록 속의 '깎아지른 성벽 같은 장엄한 바위'는 지금도 울릉도 지형의 상징인데요. 비교적 평지가 많은 제주도에 비해 울릉도는 나리분지를 제외하고는 평지가 없는 가파른 섬입니다. 해안가의 일부 평평한 곳도 실은 훗날 파도가 깎아낸 부분이어서, 말 그대로 울릉도는 화산섬 특유의 '원뿔' 형태라고 보면 됩니다.

화산이 만들어낸 기암괴석의 섬

그렇다면 울릉도가 우리에게 얼마나 중요한지를 좀 더 알기 위해, 중고등학교 때 배운 지리 상식을 조금 상기해보겠습니다.

일단 화산섬은 안에서 폭발이 일어나 펑 하고 터지면서 마그마가 뿜어지고, 이게 찬 바람에 굳어 암석이 됩니다. 울릉도의 산들이 엄청 뾰족하고 날카로우며, 잔주름 같은 줄무늬가 세로, 가로, 대각선으로 많은 이유가 이 때문이죠. 한 바위지만 각기 다른 선이 나타나는 건 화산 폭발이 한 번에 일어난 게 아니고 수백만 년 동안 무수히 일어났기 때문이고요.

이 화산이 만든 암석을 과학적으로는 '주상절리'라고 합니다. 그리고 섬에서 떨어져 나간 코끼리 바위처럼 가운데가 비어지는 현상은 파도가 들락거리면서 약한 부위를 뚫어버린거죠. 그래서 수백 년 혹은 수만 년이 흐르면 지금과는 또 다른 모습이 될 거고요.

그런데 이 주상절리의 모습은 실은 물 아래 해산에도 그대로 남아 있습니다. 다만 바람이 아니라 물에 의해 뭉개지면서 조금은 다른 형태가 된 거죠. 그럼 다시 물 밑으로 내려가볼게요. 여기서 우리가 한 번 상기할 부분은 울릉도와 독도 일대가 그냥 바다가 아니라는 거죠. 해산이 줄지어 있다고 했는데, 사실 지상의 산에만 식물이 자리를 잡은 게 아니라, 바로 바다의 산도 식물의 터전입니다.

바로 이곳에 엄청난 해조류의 숲이 있는 거죠.

바다에도 숲이 있다

이 해조류는 바다 생명체의 보금자리여서, 결론적으로 울릉도 일대는 엄청난 해양 서식지입니다. 사실 이 바닷속의 환경은 섬보다 더 미개척지라서 아직 밝혀진 게 정말 미미하긴 한데요. 최근 알려진 바로는 멸종 위기 생명체인 '해마'가 울릉 바다 숲 속에 살고 있다고 알려졌죠. 하지만 이곳에 사는 귀중한 생명체가 해마뿐만은 아닙니다.

아직 보고도 되지 않은 엄청난 바다 생명체가 많은데요. 그 비밀이 바다산, 해산에만 있는 건 아니에요. 여기 일대는 바닷물도 아주 특별한데요. 이곳은 육지의 해안선을 따라 북쪽에서는 시베리아의 찬물이 내려오고, 남쪽에서는 대만에서 따뜻한 물이 올라와 교차됩니다. 문제는 그냥 만나고 흘러가는 게 아니라, 울릉도 일원의 해산들에 막혀서 그 주변에서 물이 계속 섞이며 맴돈다는 거죠. 그래서 울릉도 밑 바다는 찬물과 따뜻한 물에 사는 바다 생명체가 쉼 없이 이동하면서 공존하는 생태학적으로 아주 중요한 지점인 것이죠.

물론 이런 풍요로움은 절대 저절로 생기지는 않죠. 울릉도 바다는 파도가 높기로 정말 유명한데요. 이곳에서 가장 높은 파고로 기록된 것이 19.5미터로, 이렇게 파도가 치는 날은 바다 전체의 물이 말 그대로 위아래로 뒤집어집니다. 이로 인해 해양 생명체가 화를 당하기도 하지만, 대대적인 물갈이로 인해 바다로서는 훨씬 더 좋은 환경이 만들어지는 거죠.

사실 일본은 우리보다 훨씬 앞서 동해의 바다와 그 밑에 대해 연구와 조사를 해왔습니다. 그래서 우리가 이름 붙인 독도를 포함한 세 개의 해산, '안용복 해산', '심흥택 해산', '이사부 해산'의 이름도 국제적으로는 일본 이름으로 등록이 돼 있기도 해요. 그건 우리보다 동해에 대한 연구가 빨랐고, 깊이가 더 많이 쌓였기 때문이고요. 그렇기 때문에 일본은 분명 동해에 솟아오른 유일한 섬인 울릉도와 독도에 대해서도 보이는 부분이 전부가 아니라, 그 밑 바다에 엄청난 가치가 담겨 있다는 걸 이미 잘 아는 겁니다.

울릉도로 가는 길은 지금도 편하지 않습니다. 두 시간 반 가량 여객선을 타고 가는 내내 파도에 시달리죠. 이처럼 울릉도는 쉽게 진입을 허락하지 않습니다. 하지만 이 섬이 6세기 신라장군 이사부에 의해 우리 민족의 터전으로 바뀐 뒤, 독도와 함께 우리 민족과 역사를 함께하고 있는 것은 누가 뭐래도 틀림없는 사실입니다. 하지만 명백한 우리 것을 지키는 일은 우리가 우리 것을 얼마나 잘 알고 있느냐에 달려 있다는 점도 잊지 말아야 합니다.

"수목 하나하나가 왜 그 자리에 심어졌는지 이유가 분명하다.
아름다운 경관을 위해서가 아니라 식물을 보존하고
연구하기 위해 수집된 곳. 교육적으로 더할 나위 없는
좋은 공부의 장이 되는 곳."

낯선 이방인의 한국 수목 사랑의 기억

· 태안, 천리포 수목원 ·

죽기 전에 가봐야 할 정원

"충분히 음미할 시간을 가지세요.
조용한 구석을 찾아도 좋습니다.
펼쳐진 풍경에 감동하겠지만,
내면의 깊은 울림도 함께 느껴보세요.
당신의 내면 안으로 무엇인가 들어오고,
당신의 영혼을 건드리는 느낌이 있을 겁니다.
단순히 물을 주고, 잡초를 뽑고,
예쁜 꽃을 보는 것 이상의 정원이 느껴질 겁니다."

『죽기 전에 꼭 가봐야 할 1001개의 정원1001 Gardens You Must See Before You Die』이란 책의 서문을 쓴 영국의 정원 전문가 앨런 티치마시Alan Titchmarsh의 글을 인용해봅니다. 요즘 우리에게도 정원 문화가 새롭게 다가오고 있죠. 꽃피는 때에 꽃구경을 가고, 단풍이 드는 철에 단풍구경을 가던 문화가 이제는 식물원과 수목원을 찾는 문화로 발전하는 중이기도 합니다.

그중, 세계적인 베스트셀러이기도 한 이 책의 저자인 래 스펜서-존스Rae Spence-Jones가 한국의 정원으로 창덕궁 후원과 함께 선정한 서해안 천리포에 있는 천리포 수목원으로 함께 떠나보겠습니다.

식물원 vs. 수목원

그 전에 수목원이라는 개념부터 좀 알고 가면 좋을 것 같아요. 우선 수목원보다 상위 개념인 식물원은 식물을 키우고 전시하며 연구하는 기관을 말합니다. 오늘날 개념의 식물원이 가장 먼저 등장한 것은 1545년에 문을 연 이래 지금까지도 원형의 모습을 상당히 보존하고 있는 이탈리아의 '파두아 식물원'입니다. 식물을 속과 명으로 구별하고 식물의 특징을 유전적으로 연구하며 아름답게 배치하고 키워서 많은 사람들이 식물을 통해 즐거움을 느낄 수 있게 하는 곳입니다.

오늘날 우리가 현대적으로 조성하고 있는 식물원의 개념도 이 목적을 벗어나지 않고 있고요. 이 식물원 유형 중에 딱딱한 줄기를 지니고 있는 식물군, 흔히 수목 혹은 나무로만 한정을 둔 경우를 특별히 '수목원', 영어로는 'Arboretum'이라고 합니다. 때문에 식물원보다는 용어 자체도 상당히 최근에서야 붙여졌는데 처음으로 수목원이라는 단어가 등장한 때는 1833년, 영국의 식물학자인 존 클라우디우스 라우든John Claudius Loudon, 1783-843이 쓴 책 『가드닝 사전The Gardener's Magazine』에서였죠.

형태적으로 수목원은 특별히 어떤 특정 수종을 수집하게 될 경우, 그 식물의 과학적 속명을 따라서, 상록침엽수를 모은 수목원을 '파이네텀Pinetum', 참나무를 모은 곳은 '퀴에르세타Querceta', 버드나무의 경우는 '살릭세타Saliceta' 등으로 부르기도 합니다.

우리나라의 경우는 가장 오래된 최초의 수목원으로 '홍릉'과 '광릉수목원'을 꼽습니다. 그런데 이 두 수목원 모두 일제 강점기인 1920년대에 만들어졌는데요. 홍릉은 명성황후의 능을 옮긴 자리에, 광릉은 조선왕조 7대 왕인 세조의 사냥터였다가 훗날 여기에 세조가 묻히면서 생겼는데, 바로 여기에 임업시험장을 만들면서 시작됩니다. 이 두 임업시험장의 목적은 수목의 유전자를 분류하고, 목록 작성, 분석 등의 일을 했고요. 그러다 1987년, 88올림픽을 앞두고 이 두 곳을 수목원으로 좀 더 격상시키는 일이 일어납니다. 그리고 광릉수목원은 1999년 '국립수목원'으로 이름을 바꾸고 현재 산림청에서 관할하는 중이죠.

그렇다면 앞서 언급한 『죽기 전에 꼭 가봐야 할 1001개의 정원』의 저자 래 스펜서 존스는 왜 개인이 설립한 천리포 수목원을 가볼 만한 곳으로 넣었을까요? 홍릉, 광릉 국립수목원도 있는데요. 물론 이 책은 저자의 개인적인 판단에 의해 쓰였기 때문에 공식적인 분석이나 어떤 기준이 적용된 것은 아니지만, 저자가 이 수목원을 선택한 이유는 분명 무엇인가 이곳에 특별함이 있기 때문일 겁니다.

세계 최대, 최고의 목련원

천리포 수목원은 1945년 미24군단 정보장교로 한국에 파견 근무를 온 칼 페리스 밀러Carl Ferris Miller가 조성한 수목원입니다. 원래는 대중에게 공개하기 위해 만든 곳은 아니고, 한국과 한국의 식물이 좋아서 서해안 천리포에 땅을 구입하고 정원을 가꾸기 시작한 곳이에요. 훗날 밀러는 한국인으로 귀화해 민병갈로도 불립니다. 민병갈은 원예나 정원 전문가는 아니었지만 자신만의 정원 철학은 확실했죠.

'식물 자체가 주인이 되는 정원'을 표방했기 때문에 인간에 의해 수형을 잡거나 억지로 약을 치고 간섭하는 행위를 가급적 하지 않았죠. 거기엔 식물뿐만 아니라 식물과 함께 더불어 사는 거미와 곤충 같은 동물에 대한 존중도 잃지 않았고요. 그래서 생전의 민병갈 원장은 다니는 산책길을 막는 거미줄조차도 걷어내지 않고 피해서 다녔다는 일화가 있죠.

하지만 그의 이런 정원 철학보다 더 깊은 천리포 수목원의 매력은 바로 식물 수집에 있습니다. 현재 천리포 수목원에는 420여 종의 목련나무, 270여 종의 호랑가시나무, 250여 종의 무궁화나무, 380여 종의 동백나무, 200여 종의 단풍나무가 있습니다. 정말 지독할 정도의 관심과 열정, 재력이 없이는 개인의 힘으로 이렇게 같은 종의 식물은 모으는 일은 현실적으로 정말 힘든 일일 수밖에 없습니다. 이게 바로 천리포 수목원이 보이는 풍경과 달리 세계적으로 식물 관계자들에게 각광을 받는 이유이기도 하고요.

그런데 천리포 수목원을 다녀갔던 분들 가운데 어떤 분들은 이렇게 다양한 종류의 나무를 못 봤다고 할 수도 있습니다. 이건 목련원을 제외하고 대부분 이 중요한 나무들을 억지로 인위적으로 모아서 심지 않고, 천리포수목원 곳곳에 산발적으로 심었기 때문인데요. 그래서 천리포수목원은 반드시 발걸음을 뗄 때마다 나무에 달려 있는 명찰을 주의 깊게 보아야 합니다.

그리고 가장 대표적인 수집 수목인 목련은 무리지어 심어져 있지만 보지 못한 분들이 많습니다. 그건 워낙 귀한 목련들이 심어져 있다 보니 각별히 신경을 쓰고 있어서인데요. 목련꽃이 피는 4월 한 달 정도 예약한 회원만 관람이 가능합니다.

지독한 식물의 사랑이 만들어낸 다양한 수집들

그럼 이제 천리포 식물원의 가장 대표적인 정원, 목련원부터 천천히 살펴보겠습니다.

목련이 이 지구에 나타난 것은 약 9500만 년 전쯤입니다. 현재 화석으로 발견된 목련나무가 약 2000만 년 전에 살았던 것으로 추정하는데요. 이게 어떤 의미인지 보자면 호모 사피엔스인 우리 인류의 출현을 약 30만 년 전으로 보니까, 인류보다 300배가 넘는 시간을 산 식물인 겁니다. 원래 목련 속의 공식 과학명은 '매그놀리아Magnolia'인데요. 이 이름은 17세기에 활동했던 프랑스의 식물학자인 피에르 마뇰Pierre Magnol, 1638~1715의 이름에서 비롯됐어요. 이 목련의 자생지는 좀 뜬금없이 떨어져 있기도 한데요. 주요 지역은 우리나라를 비롯한 동아시아, 열대지역인 서쪽 인도네시아 그리고 뚝 떨어져 아메리카 대륙 전체에 분포하고 있습니다. 일반적으로 식물의 자생지는 기후에 의해 비교적 같은 지역에 묶일 때가 많은데, 이렇게 여러 대륙으로 떨어져 살게 된 이유는 아마도 이 식물이 탄생했던 아주 오래전 지구는 한판으로 구성되어 있었고, 이게 시간이 흘러 대륙이 조각이 나 떨어져나가면서 이런 분포를 가졌을 것으로 추정하고 있죠.

매그놀리아는 상록으로 잎이 떨어지지 않는 에버그린과 낙엽이 지는 타입으로 분류가 됩니다. 지금 현재는 약 200여 종이 남아 있고, 여기에서 파생된 품종이 500여 종 있어요. 그런데 천리포 수목원에 420여 품종이 있으니 정말 대단한 수집인 셈입니다. 민병갈 원장은 이 400여 종의 목련이 꽃을 피우는 4월이면, 다른 약속도 잡지 않고 수목원에 머물렀다고 해요. 목련꽃을 새들이 쪼아 먹을까 싶어 그물을 쳐서 꽃을 보호해줄 정도였다고도 하고요.

목련과 함께 빼놓을 수 없는 천리포 수목원의 또 하나의 식물은 바로 '호랑가시나무'입니다. 이 호랑가시나무의 공식 과학명은 '일렉스[Ilex]'인데요. 이 식물이 잘 떠오르지 않는다면 크리스마스 카드에 잘 등장하는 뾰쪽한 잎을 지닌 '홀리나무'를 머릿속에 그려보세요. 그 잎이 바로 호랑가시나무 잎입니다.

일렉스는 전 세계에 약 560여 종이 분포하고 있고, 자생지는 아열대와 온대 기후에 걸쳐 있어서 목련과 마찬가지로 잎이 지지 않는 상록과 낙엽이 지는 종이 모두 있죠. 그리고 나무의 형태가 매우 다양해서 키가 작은 관목, 더러는 긴 줄기로 감아서 올라가는 덩굴 형태도 있습니다. 이 중 370여 품종이 천리포 수목원에서 자라고 있어서, 아주 잘 정리된 식물의 명찰을 잘 살펴보면, 정말 보기 힘든 세계 여러 자생지의 일렉스와 멸종 위기인 우리나라 자생의 호랑가시도 찾아볼 수 있습니다.

한국인으로 수목원에 묻힌 민병갈 원장의 기억들

설립자 민병갈 원장은 2002년 세상을 떠났습니다. 40년 동안 이 수목원에 나무를 심고 보존하는 일로 인생을 바쳤습니다. 현재 천리포는 재단에서 운영하고 있죠. 낯선 곳의 이방인으로서 지극히 한국과 한국 식물을 사랑했던 그 마음이 과연 무엇이었을지는 잘 짐작이 되지 않습니다.

그러나 그리스의 철학자 에피쿠로스는 자신의 학교를 '정원 학교'라고 칭하고 제자들에게 이렇게 강조했죠. "자연과 함께 살아간다면 절대 가난해지지 않을 것이다." 또 영국의 위대한 사상가 프랜시스 베이컨은 "정원은 인간의 가장 순수한 쾌락"이라고도 했고요. 아마도 한국인 민병갈로 끝맺은 그의 인생도 많은 철학자들이 외쳤던 그런 삶이 아니었을까 싶습니다.

“공원 전체를 뒤덮은 튤립과 수선화의 대장관을 볼 수 있는 곳.
그러나 단순히 관상이 아니라 원예품종의 소개와 판매가
이뤄지는 진정한 원예축제의 현장.”

세계 무역을 이끌었던
네덜란드의 튤립과 그 열풍의 기억

· 네덜란드, 쾨켄호프 ·

중앙아시아에서 네덜란드의 상징이 된 튤립

봄은 누구나 꽃을 먼저 떠올리게 되는 계절이죠. 그리고 그 봄꽃 중에서도 압도적인 형태, 색, 향기로 우리의 눈길을 사로잡는 '튤립'을 빼놓을 수 없습니다. 그래서 전 세계적으로 튤립은 정말 많은 사랑을 받고 있는데요. 그중에서도 네덜란드와 튤립은 정말 떼어놓을 수가 없습니다.

하지만 튤립의 자생지는 정작 네덜란드가 아니라는 사실, 알고 계신가요? 양파와 같은 알뿌리를 지닌 이 식물의 자생지는 중앙

아시아로 지금의 튀르키예 지역입니다. 튤립이라는 이름 자체도 무슬림 남성이 쓰고 다니는 '터반'과 닮았다는 의미에서 붙여진 이름고요. 이 식물을 최초로 재배하고 관상식물로 개발시킨 나라도 오스만제국의 사람들이죠. 지금도 튀르키예는 여전히 튤립의 나라고, 국가를 상징하는 식물도 튤립인데요. 이 튤립이 네덜란드로 유입이 된 시점은 대략 16세기로 봅니다. 그렇다면 종주국인 튀르키예보다 튤립의 나라로 네덜란드가 더 유명해진 데에는 뭔가 사연이 있을 텐데요.

우선 그 이유를 알려면, 16세기의 유럽과 중동의 지도를 먼저 이해해야 할 것 같습니다. 당시 세계 지도는 지금과는 사뭇 달랐습니다. 그리스, 튀르키예, 북아프리카 일원엔 오스만제국[Ottoman Empire]이, 북쪽에는 지금의 독일 일원엔 신성로마제국[Holy Roman Empire]이, 서쪽에는 프랑스왕국과 영국이 있었고요. 그리고 네덜란드는 지금과는 다르게 면적이 더 큰 채로 다른 제국들과 어깨를 나란히 하고 있죠. 이건 당시 네덜란드의 위상을 보여주는 것인데요. 16~17세기의 네덜란드는 최대의 무역 강국이었거든요.

이 국제적 상황을 머릿속에 그려넣고 다시 튤립 이야기로 돌아가볼게요. 그렇다면 튤립을 오스만제국에서 가져온 사람은 누굴까요? 바로 신성로마제국에서 오스만제국으로 보낸 외교 대사인 부스베크[Ogir Chiselin De Busbecq, 1564-1576]로 보고 있습니다. 부스베크는 1573년이 튤립을 가져와, 자신의 친구인 식물학자 카롤루스 클루시우스

Carolus Clusius, 1526~1609에게 한번 키워보라고 줬는데요. 클루시우스가 바로 오늘날의 네덜란드 튤립을 만드는 데 결정적인 역할을 한 사람입니다.

당시 클루시우스는 신성로마제국의 오스트리아 빈 식물원의 대표로 있다가 네덜란드 레이든Leiden 식물원으로 자리를 옮겼는데, 이때부터 그는 본격적인 튤립 재배종을 만들기 시작합니다. 원래 법을 공부했다가 내과 의사를 거쳐 말년에는 식물학자로 남게 되는데, 레이든 식물원의 지원을 받아 종주국인 오스만제국을 능가하는 각양각색의 수많은 튤립 재배종을 만들게 됩니다.

튤립 열풍에 빠진 네덜란드

아무리 클루시우스가 수많은 튤립 재배종을 만들어냈어도, 사람들이 이 식물에 열광하지 않았다면 소용이 없었을 겁니다. 특히 네덜란드 상인들에게 이 튤립은 엄청난 사랑을 받습니다. 당시 네덜란드 상인들은 보는 눈이 정말 대단했거든요. 장사가 될 만한 물건이란 원래 희귀하면서도 예뻐야 하는데, 그 가치를 단번에 알아본 거죠. 그래서 웬만한 화가의 작품보다 훨씬 더 아름다운 색채와 형태의 이 튤립을 고가에 사고파는 무역을 활발히 진행했던 거고요.

그래서 당시 16~17세기 네덜란드의 상황과 튤립의 궁합이 좋았다고도 봐야 할 듯 싶어요. 클루시우스는 품종 개량으로 더 화려하고 특이한 튤립을 만들어냈고, 네덜란드 농가들은 이 튤립을 심어 길러내는 일로 웬만한 농가의 수십 배 넘는 수입을 올렸죠. 이걸 상인들이 값비싼 가격에 팔았고, 이렇게 일련의 식물시장 경제가 태어난 거니까요.

17세기 네덜란드에서는 튤립 알뿌리가 화폐를 대신해 거래되기도 했고, 알뿌리 한 알의 가격이 노동자의 임금의 열 배에 달했으며, 최고의 화가 렘브란트의 그림보다 튤립 알뿌리가 더 비싸게 거래됐던 기록도 남겨져 있습니다. 그래서 이때를 경제 용어로 '튤립 열풍Tulip Fever'시대라고 하죠.

하지만 이 열풍은 결국 엄청난 파국으로 치닫습니다. 화려하고 예쁜 꽃을 피우는 튤립일수록 일종의 '튤립 바이러스'가 발생한다는 걸 몰랐으니까요. 1634년 네덜란드의 튤립 시장은 정점을 찍은 후, 튤립 바이러스로 인해 사들인 알뿌리가 하얗게 죽어갑니다. 이렇게 튤립 알뿌리가 쓸모없게 되자 1637년에는 시장이 붕괴되면서 연쇄 부도로 이어졌고, 결국 네덜란드 전체 경제가 무너지고 맙니다. 어찌 보면 '세상의 모든 돈은 네덜란드로 흘러간다'는 속설이 있을 정도였던 나라가 17세기 그 찬란했던 명성을 잃게 된 것도 이 튤립 사태가 큰 역할을 했던 셈입니다.

하지만 세상 모든 일은 절대적인 선과 악이 없듯, 실패와 성공도 늘 명암이 뒤따르죠. 이때의 튤립 광풍으로 경제가 무너지기도 했지만 네덜란드는 지금까지도 굳건한 세계 최대 튤립 재배 국가로서의 위상이 생겼고, 아직도 이 나라의 경제를 지탱하는 가장 큰 힘이 바로 튤립 수출이 되었습니다. 네덜란드는 해마다 30억 개 정도의 알뿌리를 전 세계에 수출하고 있고, 이 수입국 중에는 우리나라도 포함돼 있어서, 해마다 엄청난 양의 튤립 알뿌리가 가을에 한국에 도착합니다.

개인저택의 텃밭정원에서 농부들의 전시장으로

"10월부터 시작해서 12월 5일 정도까지 알뿌리를 심습니다. 크리스마스엔 모든 작업이 종료된다고 볼 수 있죠."

쾨켄호프의 봄 축제를 총괄 기획하고 관리하는 대표 가드너 바트 시에메링크Bart Siemerink의 설명인데요. 튤립이 꽃을 피우는 시기는 4월에서 5월 사이 약 8주간의 기간이지만, 알뿌리를 심고 준비를 하는 시기는 그 전 해 늦가을까지 마쳐야 한다는 말입니다. 이 축제는 연중 내내 있는 것은 아니고요. 8주 간으로, 평균적으로는 3월 셋째 주에 개장해서 5월 둘째 주까지 개방합니다. 물론 쾨켄호프 자체는 이후에도 누구라도 갈 수는 있지만 이 튤립 축제는 볼 수 없는 거죠.

일단 쾨켄호프를 가려면 암스테르담에서 출발을 하는 편이 좋습니다. 버스나 기차를 탈 수도 있고, 암스테르담의 수로를 이용해 크루즈 배를 타고 갈 수도 있어요. 어느 교통편을 이용하든 약 40분 정도 소요됩니다. 그렇게 리세[Lisse]라는 도시에 도착하면 그곳에서 쾨켄호프라는 공원을 찾아야 합니다. 쾨켄호프는 원래 15세기에는 사냥터로 울창한 숲이 있던 곳이었는데요. 그러다 1641년 이곳에 저택이 들어서면서 정원이 만들어졌는데, 그 정원의 이름이 일종의 채소와 과실수를 재배하는 정원이라는 '키친가든', 네덜란드어로 '쾨켄호프[Keukenhof]'였던 거죠.

그리고 귀족의 사유지였던 이곳에 큰 변화가 생긴 건 1949년이었어요. 알뿌리 식물 재배업자들의 조합이 이곳을 특별한 목적으로 사들인 거죠. 바로 자신들이 재배하고 있는 튤립과 다른 알뿌리 식물을 홍보할 방법으로 이 거대한 약 3만 2천 평방미터, 약 9만 6천 평의 공간에서 봄 축제를 개최하기로 한 거죠. 그래서 원래 이곳은 관상이나 휴식을 위한 공원이 아니라, 식물 재배업자들이 자신의 알뿌리를 홍보하기 위해 만든 공간입니다.

일단 이들은 조합원인 40명의 재배자들에게 땅을 분할해준 뒤, 자신들이 재배하고 있는 알뿌리를 심어보라고 했죠. 그리고 1950년 봄에 드디어 처음으로 문을 열었는데요. 어떻게 됐을까요? 700만 송이가 넘는 튤립을 비롯한 수선화, 크로커스, 무스카리 등이 꽃을 피운 봄의 정원은 그야말로 초대박이 났습니다. 1950년 교통편이 그리 좋지 못했던 상황을 생각해보면 두 달 간 20만 명이 방문했다는 건 이 봄 축제에 얼마나 유럽 사람들이 열광했는지를 잘 알 수 있죠.

영국식 풍경 정원의 공원에 700만 송이의 튤립이 꽃을 피우다

700만 송이의 알뿌리 식물이 꽃을 피운 쾨켄호프를 한번 상상해볼까요? 이곳은 원래 키친가든, 쾨켄호프였지만, 중간에 18세기 영국식 풍경 정원의 영향을 받아 구불거리는 오솔길, 늘어선 나무들의 그늘 길, 자연스럽게 흐르는 시냇물이 조성되어 숲 속의 느낌이 가득한 곳이거든요. 이 우거진 나무 그늘 밑에 700만 송이의 튤립과 수선화, 무스카리가 가득 찬 관경을 떠올려보세요. 물론 이 700만 송이의 알뿌리를 막 심은 것은 아닙니다. 전문 디자이너에 의해 때론 색상별로 무스카리의 파란 꽃이 파도 물결처럼 피어나기도 하고, 튤립과 수선화의 색상 조합이 보색으로, 때론 파스텔톤의 조합으로 마치 화가의 그림처럼 펼쳐집니다.

더불어 꼭 잊지 말고 방문해야 하는 곳이 바로 네 개의 파빌리온 건물인데요. 이 안에는 처음으로 선을 보인 신품종이 전시됩니다. 여기서 신품종에 대한 정보를 얻을 수 있는데요. 이 쾨켄호프 축제 기간 중 소개되는 품종은 약 800여 종이 넘어서, 세상의 모든 틀립과 수선화가 다 있다고 해도 과언이 아닙니다. 원래 원예 엑스포 혹은 축제는 단순히 보고 즐기는 관광 차원이 아니라, 바로 이런 무역을 일으키는 시장의 역할이 더욱 중요합니다.

가든쇼, 산업을 일으키다

2017년 집계에 따르면 이 쾨켄호프 봄 축제 기간에 약 1400만 명이 방문을 했고, 이 중 네덜란드인이 20퍼센트, 독일, 영국, 벨기에 인이 40퍼센트, 미국인이 10퍼센트 그리고 중국인이 8퍼센트였는데요. 많이 방문한 사람들의 나라가 원예무역을 많이 한다고 볼 수 있습니다.

우리나라에서 원예 시장은 아직 미개척 분야인데요. 정원 문화가 좀 더 발달하면 새로운 품종을 개발하는 원예사업이 커지게 되고, 이걸 매개하는 마켓도 형성되어 새로운 산업이 생겨나겠죠. 미국의 원예 시장 규모는 2021년 약 160억 달러, 우리 돈으로 약 19조 원으로 집계됐고요. 영국의 경우도 약 10억 파운드, 역시 우리 돈으로 보면 약 1조 6천억 원의 시장입니다.

코로나라는 전염병의 시대를 맞으면서, 전 세계는 정원의 소중함을 더욱 많이 느끼고 있죠. 중세시대 흑사병을 거치면서 정원과 식물이 질병을 이겨내는 데 중요한 역할을 했다는 것을 깨달은 것처럼, 지금의 시대도 다시 정원으로 회귀하는 듯 보입니다. 정원이 우리에게 주는 가장 큰 혜택은 정서적 위안과 몸을 움직여 활동하게 하는 육체적 건강함이겠죠. 그래서 갈수록 우리의 미래에는 이 정원이 더욱 중요해질 것 같습니다.

"세계 여러 식물종을 수집하고 연구하는 곳.
과학자들이 상주하며 인간과 식물의 관계를 연구하고
식물과 인간이 공존할 수 있는 다양한 방안을 제시하는
인류의 유산이기도 한 곳."

전 세계 험지를 누볐던 식물 투사, 식물 헌터들의 기억

· 런던, 왕립식물원 큐가든 ·

두 왕비가 만들어낸 큐가든

18세기에서 19세기 초 유럽은 어떤 모습이었을까요? 우선 문화적으로는 계몽주의 사상이 일어났고, 정치적으로는 아직 왕정이었지만 정당이 출현했던 시기였죠. 음악가로는 헨델, 모차르트, 베토벤이, 문학가로는 제인 오스틴, 윌리엄 워즈워스, 바이런, 키츠, 셸리가 활동하던 시대였고, 경제적으로는 산업혁명이 시작되던 때였습니다.

이 시대적 상황을 읊기만 해도 이때가 근대사로 넘어오는 과도기였고, 문화, 경제, 정치적으로 정말 엄청났던 시기라는 게 느껴집니다. 영국 역사에서는 이 시기를 '조지안 시대'라고 부르는데요. 왕으로 치면 조지1세, 2세, 3세, 4세로 이어지다 윌리엄 4세, 그의 딸 빅토리아 여왕이 출현할 때까지를 말합니다.

영국 왕립식물원 큐가든의 역사는 바로 이 '조지안 시대'의 두 왕비 이야기로 시작하면 좋을 듯합니다. 지금은 큐가든이 왕실과 상관없는 독립 기관이지만, 여전히 그 이름에 '왕립'이 따라다니는 이유기도 하니까요.

큐Kew는 템즈 강가에 위치한 런던의 지역 이름인데요. 여기에 부자 상인이 지은 건물이 있었는데, 이걸 왕실이 구입하면서 건물 이름이 '큐 팰리스Kew Palace'로 바뀝니다. 그리고 이곳을 두 왕비이자 시어머니와 며느리의 사이였던 아우구스타와 샬럿 왕비가 큐가든으로 변모시킵니다.

먼저 시어머니인 아우구스타Princess Augusta of Saxe-Gotha-Altenburg, 1719~1722는 원래는 왕위 계승자였던 조지 2세의 큰아들 프레더릭 왕자의 아내였는데, 남편이 왕위에 오르기 전 죽어 왕비가 되진 못했죠. 대신 자신의 큰 아들인 '조지 3세'의 어머니로 남게 되고요. 그런데 오히려 까탈스러웠던 남편이 죽게 되자, 움츠렸던 삶에서 벗어나 좀 더 활동적으로 살게 됩니다. 그중엔 이 큐 팰리스의 정원을 그녀의 취향대로 바꾸는 일도 포함되었죠.

그녀는 건축가 윌리엄 체임버스[William Chambers, 1728~1796]를 기용해 큐가든의 상징 건물 중 하나인 중국풍 파고다 건물과 지금은 레스토랑으로 이용되고 있는 오렌지 온실 '오랑제리', 태양의 정자 등을 만들었고요. 그리고 식물학자 스테판 헤일즈[Stephen Hales, 1677~1761]의 조언에 따라 열대정원과 함께 초본식물을 수집했습니다. 그녀가 모은 식물은 무려 2,700여 종이 넘어 훗날 큐가든이 만들어지는 데 중요한 역할을 하죠. 이런 그녀의 공을 기리기 위해 고 다이애나 황태비의 기부로 1987년 큐가든에 새로운 온실이 만들어졌을 때, 그 이름을 바로 아우구스타를 가리키는 '프린세스 오브 웨일스'라 하게 됩니다.

샬럿 왕비, 큐가든의 기틀을 닦다

그리고 이제 또 한 명의 왕비, 샬럿의 이야기입니다. 아우구스타의 며느리이자 조지 3세의 아내 샬럿 왕비[Queen Charlotte 1744~1818]는 그야말로 큐가든을 정말 사랑한 사람들이었어요. 심지어 샬럿 왕비는 이곳에 시골집, 코티지를 짓고, 수행원도 없이 개인적인 삶을 즐겼을 정도였어요. 샬럿 왕비는 이 코티지를 직접 디자인하고 인테리어를 했으며, 이곳에서 삶을 마쳤기 때문에 지금도 '퀸 샬럿의 코티지'라고 불립니다.

하지만 조지 3세와 샬럿 왕비의 큐가든에서의 행복은 오래가

지는 못했어요. 무려 열다섯 명의 자녀를 둘 정도로 금슬이 좋았지만, 느닷없이 조지 3세의 정신질환이 발병하면서 불행이 시작된 거죠. 어머니 아우구스타는 당시 내연 관계였다고 알려진 수상 버트 경과 합작해 아들을 치료한다는 목적으로 며느리와 손주들이 왕을 직접 만날 수 없게 감금시키는 일도 벌였는데요. 시어머니보다 더 오래 살았던 샬럿은 남편을 대신해 그녀의 큰아들 조지 4세를 왕위에 앉히고 섭정을 하기도 했죠. 오랫동안 지속된 남편의 정신질환에 대한 공포와 스트레스로 오히려 남편보다 2년 먼저 큐에서 죽게 됩니다.

그리고 이후 큐가든은 샬럿 왕비의 손녀인 빅토리아 여왕 시대에 이르러 국가 정부에서 관리하는 기관으로 탈바꿈하는데요. 바로 1840년 큐가든의 초대 대표로 식물학자 윌리엄 후커William Jackson Hooker, 1785~1865가 임명되면서부터입니다. 이때부터 본격적으로 세계 최고의 식물원으로서의 기틀이 잡히기 시작했던 거죠.

정원사, 윌리엄 후커의 큐가든

"세계에서 가장 크고, 가장 종이 많은
식물과 미생물의 수집 장소!"

오늘날 식물원 큐가든에 붙여진 수식어인데요. 이런 명성의 기반은 1840년, 큐가든의 1대 대표로 선출된 윌리엄 후커로부터 시작됩니다. 윌리엄 후커는 외과의사였던 자신의 아들을 큐가든의 2대 대표로 만들 정도로 열정이 대단했죠.

그는 우선 식민지에서 공급되는 열대식물을 키우기 위한 온실 계획을 세웠고, 1845년에 온실 '팜하우스'를 완성시킵니다. 이 온실의 디자인은 건축가 데시무스 버턴[Decimus Burton, 1880~1881], 시공은 리처드 터너가 했는데요. 당시 데시무스의 온실 디자인은 파격적이었어요. 온실 전체가 곡선 형태인 데다 쇠와 유리로만 지어야했는데, 당시 기술로는 난감했던 거죠. 그러다 터너는 배 만드는 기법을 떠올립니다.

만약 팜하우스를 방문하게 된다면 고개를 들어 천장을 먼저 보세요. 그러면 정확하게 뒤집어진 배 모양을 확인할 수 있는데요. 그 당시 배는 골격을 나무로 만들었는데, 터너는 나무 대신 연철을 휘어서 골격을 잡고, 빈 공간에 유리를 끼우는 기법을 생각한 거죠.

그리고 유리 온실, 팜하우스는 이 터너의 '배 기법' 말고, 또 다른 디자인 비밀도 숨어 있는데요. 그건 바로 팜하우스 앞, 연못과 그 연못 건너편에 있는 거대한 굴뚝 건물인 '캄파닐[Campanile]'입니다. 팜하우스는 지하 보일러실에서 석탄을 때, 바닥 라지에이터를 통해 열을 공급하는 방식인데요. 이때 나오는 연기를 연못 밑 지하관을 통해 캄파닐 굴뚝으로 나오게 연결한 겁니다. 이렇게 디자인한 이유는 팜하우스 온실 건물이 굴뚝 없이 단독으로 아름답게 보이도록 연출하려는 것도 있지만, 자칫 연기가 식물을 중독시킬 수 있기 때문이었죠.

이렇게 팜하우스 온실이 완성된 지 14년이 흐른 후 큐가든에는 대대적인 온실 건축이 또 한 번 일어나는데요. 바로 온대성 기후 식물을 키우는 온실로, 이것도 버턴이 디자인을 맡았습니다. 하지만 온대 온실은 찬 기온이 필요하기 때문에 배 모양의 둥근 지붕 형태 대신 뾰족한 삼각형의 지붕으로 만들죠. 지금까지 현존하는 가장 오래된 빅토리안 시대 온실이 바로 이곳이고요.

정원사보다 과학자가 더 많은 정원

그런데 여기서 잠깐, 식물원의 정의를 한번 살펴볼까 합니다. 일반적으로 우리나라에서는 식물원이 곧 '온실'을 말하는 것으로 알고 있습니다. 혹은 수목원이 더 크고 이에 비해 식물원은 작은 개념으로 오해하는 경우가 있는데요. 식물원은 식물을 수집하고 연구하는 기관으로, 수목원과 온실을 비롯해 식물을 채집하고 연구하는 '허바리움Herbarium', 식물의 유전자를 연구하는 '식물연구소', 씨앗을 보관하는 '씨드 뱅크' 등의 시설을 갖추고 있습니다. 그래서 보타닉 가든 즉, 식물원은 수목원보다 상위 개념이고, 더 많은 식물의 수종과 연구 시설을 갖춘 곳이라고 할 수 있습니다.

물론 큐가든은 이 식물원 본연의 목적이 가장 잘 반영된 곳이기 때문에 온실 혹은 냉실 말고 바깥 정원에서도 귀한 식물들이 자라고 있습니다. 그중 고목이자 '라이온 나무Lion Tree'라는 별명으로 불리는 다섯 종의 식물을 찾아보는 것도 큐가든 관람의 큰 즐거움입니다. 1762년 아우구스타 왕비 때에 심어져 지금도 생존하고 있는 수목으로, 은행나무*Ginko biloba*, 파고다 나무*Styphnolobium japonicum*, 플라타너스 나무*Platanus orientalis*, 아카시아 나무*Robinia pseudoacacia*, 그리고 코카시안 느릅나무*Zelkova carpinifolia*가 있거든요. 모두 큐가든에 심어진 지 무려 250년이 넘은, 그 위용이 대단한 나무들입니다.

"미적 관점이 아니라, 식물 자체에 집중하라."

큐가든의 초대 대표 윌리엄 후커가 늘 하던 말인데요. 그래서 큐가든은 보이는 겉모습보다는 속을 좀 더 봐야 할 것 같습니다. 정원사보다 과학자가 더 많이 상주하는 과학연구소라는 점도 중요한데요. 만약 새로 발견된 식물이 있다면, 전 세계 식물학자들이 이곳 큐가든에 보내 유전자 분석을 통해 어떤 식물인지 알아내고, 만약 새롭게 등장한 식물이라면 그 이름을 부여합니다.

여기에 데이터로만 큐가든을 좀 더 설명해볼까요. 약 2만 7천여 종의 식물이 살아 있는 채로 전시 중이고, 850만 종의 식물이 '식물 채집본'으로 보관 중이며, 750만 권의 식물 관련 서적이 도서관에 있습니다.

끝으로 1913년, 이 큐가든에 사건이 있었는데요. 여성참정권을 외쳤던 두 여성이 큐가든 내의 찻집을 방화한 일이었어요. 그런데 당시 이들이 왜 큐가든을 택했는지가 큰 이슈가 됐는데요. 그건 영국인들의 국보처럼 생각하는 큐가든이야말로 이목을 집중시키는 데 아주 좋은 곳이라고 판단했다는 거죠. 이 사건으로 영국인들이 얼마나 큐가든을 사랑하는지 증명이 되기도 했고요.

지금도 큐가든은 식물과 인류의 연관성과 서로의 필요성을 연구하는 중요한 역할을 담당합니다. 그건 우리 인류의 삶 자체가 식물이 없이는 존재할 수 없기 때문이겠죠. 그래서 우리 인류의 기억 속에 식물은 그 시작부터 함께했고 앞으로도 계속 공존한 것임은 아주 분명하고 확실해 보입니다.

URBAN GREEN

가든스 바이 더 베이, 싱가포르

바랑가루, 시드니, 오스트레일리아

센트럴 파크, 뉴욕, 미국

"도시 속에 갇혀 살고 있는 인류를 위한 해답으로 등장한 정원.
도시 전체가 정원이 되는 공상과학영화를 상상해본다면?!"

암울한 미래를 초록으로 빚어낸
미래정원의 기억

· 싱가포르, 가든스 바이 더 베이 ·

싱가포르를 상징하는 미래형 도심 공원의 탄생

해수면은 올라가고, 지구는 더워지고, 오염되고 있습니다.
싱가포르는 우리의 다음 세대에게
이 어려움을 물려주지 않기 위해,
그린 도시계획 2030을 마련했습니다.

2020년 코로나19의 여파가 전 세계에 큰 충격을 주고 있을 때, 싱가포르 정부는 국민들에게 10개년 계획, '싱가포르, 그린 플랜 2030'을 발표합니다. 갑자기 남의 나라 정책 소개를 하는 게 좀 생뚱맞을 수도 있지만, 이 계획을 들여다보면 '가든스 바이 더 베이 Gardens by the Bay'가 어떻게 탄생했고, 왜 싱가포르의 미래를 상징하는 랜드마크가 되었는지를 좀 더 잘 이해할 수 있을 것 같아요.

사실 싱가포르는 지금 현재도 도심에 초록 환경이 가장 많은 나라이지만, 이 계획안에 따르면 2030년까지 섬 전체의 50퍼센트를 자연 녹지 구역으로 만들 예정이라고 합니다. 어디에 살든 걸어서 10분 거리에 반드시 공원을 만날 수 있도록 하고, 새로 짓는 건물은 반드시 생태 기능을 갖도록 외벽에 수직의 정원을 조성해야 합니다. 또 모든 차량은 전기차로 바꾸고, 에너지의 80퍼센트 이상은 재생이 가능하도록 한다는 계획인데요.

듣기만 해도 가슴이 설레지 않나요? 그런데 이 계획이 현실에서 가능할지 약간은 의심이 들기도 합니다. 하지만 2012년 6월에 이미 완성된 가든스 바이 더 베이를 자세히 알게 된다면, 불가능한 이야기가 아니라는 확신이 들 것도 같습니다. 이 정원의 공식 이름은 해안가, 만을 끼고 있어서 'Gardens by the Bay'이지만, 별칭으로는 '퓨처 어반 가든 Future Urban Garden'이라고도 부릅니다.

그 이유는 이 정원이 단순히 식물을 많이 식재한 공간이 아니라, 지형을 극복하고, 건물들을 생태학적으로 고려하며, 에너지의 재생과 도심 속에서도 야생의 동식물이 생태적으로 융합할 수 있게 하는 등 고도의 기술력과 계산된 계획으로 만들어진 곳이기 때문입니다.

미래 도시의 절박함을 담다

그렇다면 싱가포르가 가든스 바이 더 베이와 같은 '그린 플랜'을 국가의 과제로까지 선포한 이유는 뭘까요? 전문가들은 현재 우리가 직면한 전 세계의 도심화 현상은 앞으로도 지속될 전망이고, 이 속도대로라면 2050년 인류는 전체 인구의 75퍼센트가 도시에서 살 거라고 예측합니다. 이렇게 되면 당연히 인구밀도는 더욱 높아지고, 이로 인해 생기는 공해, 사회적 갈등, 인류 건강의 저하는 지금보다 훨씬 더 심각해지겠죠.

싱가포르는 다른 나라보다 먼저 이런 미래의 상황을 짐작할 수 있는 환경을 지니고 있습니다. 미국 뉴욕보다 작은 면적의 나라에, 594만 명의 인구가 밀집해 살고 있어서, 도시가 건강해지지 않으면 나라의 존폐가 위험하다는 걸 피부로 느끼고 있으니까요. 사실 싱가포르의 선택은 이미 싱가포르만큼이나 도심화가 극심해진 우리에게도 좋은 본보기가 되고 있습니다.

그래서 싱가포르가 국가의 미래를 걸고 추진하고 있는 '그린 프로젝트'의 선행 모델이라고 할 수 있는 미래형 도심 공원 가든스 바이 더 베이는 미래 싱가포르의 상징이 될 수밖에 없는 것이죠.

~~~~~~~~~~~~~~~~~~~~

과학이 만들어낸 정원

영화 〈아바타〉 속의 비현실적인 자연 공간을 한번 떠올려보면 어떨까요? 많은 이들이 가든스 바이 더 베이를 영화 〈아바타〉의 정원과 비슷하다고 말합니다. 그런데 이 말이 신빙성이 있는 까닭은 싱가포르의 이 정원이 그간 만들어온 인류의 정원과는 확연하게 다르기 때문입니다. 일단, 이 정원의 가장 눈에 띄는 랜드마크인 두 동의 온실을 먼저 봐야 하는데, 온실의 모양은 조개와 아주 비슷합니다.

이 온실은 조개 모양을 만들기 위해 비정형적인 곡선으로 디자인되었는데요. 기둥 없이 쇠 프레임만으로 구성된 온실은 2020년, 세상에서 제일 큰 온실로 기네스북에 등록되었을 정도고요. 면적은 약 12,800제곱미터, 우리 식 개념으로는 약 3,800여 평에 달합니다.

그렇다면 이 온실이 유명한 이유가 크기 때문일까요? 엄청난 크기보다 이 온실의 온도일 듯합니다. 이곳의 온도는 항상 18도 정도로 유지됩니다. 좀 더 설명을 하자면, 대표적인 열대지방인 싱가포르의 기후는 매우 후텁지근하죠. 바깥 온도는 낮에 늘 30도 이상, 습도는 거의 90퍼센트 정도인데요. 그렇다면 이 거대 온실이 18도
~~~~~~~~~~~~~~~~~~~~

의 냉기를 유지하기 위해선 막대한 냉각장치 사용이 따를 수밖에 없습니다. 하지만 이곳은 에너지 소비가 많은 에어컨 사용 대신 다른 방법을 개발한 것이죠.

엔지니어들은 식물을 키우는 공간인 온실에 빛은 들어오되, 뜨거운 열기가 들어오지 않도록, 아주 특별한 두 가지 방법을 고안해냈습니다. 일단 이중 유리를 사용하는데, 하부 유리에 열기 차단 필름을 넣어서 1차적으로 온도를 낮추게 합니다.

또 하나는 아주 특별한 쿨링 시스템입니다. 외부에서 들어오는 뜨거운 열과 습도를 잡기 위해 특수한 공기 필터 장치를 만들어서 90퍼센트의 습도를 지닌 공기가 이 장치를 통과하면 10퍼센트로 낮아지고, 30도 이상의 열기도 소용돌이 모양의 펜을 통과해 20도 정도로 낮아지도록 한 것이죠. 이 외에 또 다른 기술적 노하우는 바로 에너지 재생인데요. 그래도 어쩔 수 없이 써야 하는 에어컨과 뜨거운 물, 전등을 켜기 위해서는 전기를 사용할 수밖에 없습니다. 그래서 전기를 자체 생산하는 방법을 선택했던 것이죠.

에너지를 재생하는 식물원

그렇다면 어떻게 전기를 식물원 스스로 만들어낼 수 있을까요? 이 정원에는 100만 그루가 넘는 수목이 심어져 있어서 정기적인 가지

치기 등을 통해 나뭇가지가 끊임없이 나옵니다. 이 나뭇가지를 태우는 화력 발전소를 정원 옆에 건설을 한 건데요. 나뭇가지를 태울 때 나오는 에너지를 전기로 환원시키는 것이죠. 더불어 나뭇가지가 탄 후 나온 재는 그 옆 공장으로 넘어가 거름으로 만들어져 다시 정원에 재활용되도록 했기 때문에 진정한 지속가능성이 생긴 것입니다.

그런데 한 가지 문제는 화력 발전소이기 때문에, 여기에서 발생하는 연기였는데요. 이 연기를 정화시키고, 온도를 낮추기 위해 거대한 기둥을 만들어야 했는데, 이 부분도 아주 색다르고 기발한 방법으로 해결했습니다.

아마 이 정원을 검색하게 되면, 가장 먼저 뜨는 이미지가 조개 형태의 두 온실과 함께 거대한 콘크리트와 쇠로 만들어진 15개의 인공 나무 구조물일 텐데요. 바로, 이 정원의 가장 강렬한 랜드마크인 자이언트 시멘트 나무 구조물의 가운데 중심이 실은 화력 발전소의 굴뚝입니다. 마찬가지로 가든스 바이 더 베이의 가장 예술적인 요소인 이 구조물 안에도 환경을 위한 기능을 숨겨놓은 셈이죠.

더불어 좀 더 중요한 기술적 부분이 하나 더 있는데요. 그건 땅속에 숨겨져 있습니다. 일단 거대한 온실과 인공 콘크리트 트리를 만들기 위해서는 단단한 기초의 땅이 반드시 있어야 하는데요. 이곳은 해안가 갯벌에 위치한 곳이라, 지반이 30미터까지 너무 약했거든요. 이걸 극복하기 위해 37미터를 더 파고 들어가, 콘크리트와 철근으로 만든 기둥을 1,000개 이상 박고, 그 위에 온실과 정원이 들어서게 한 거죠.

그런데 이게 사실 어떤 의미인가 하면, 싱가포르는 현재 지구 온난화 현상에 의해 갈수록 해수면이 높아지기 때문에 곧 섬 전체가 물에 잠길 위험에 처해 있습니다. 이 상황을 극복하기 위해서는 일종의 방파제 역할을 해주는 해안선이 필요한데, 이 정원 자체가, 그리고 이를 받치고 있는 1,000여 개의 기둥이 바닷물이 차오를 때 이를 막아주는 저지선이 될 수 있도록 한 것이죠.

뿐만 아니라, 이 시공팀은 지반을 다지는 과정에서 땅 전체에 일종의 필터 층을 만들어서, 정원에서 쓰이는 모든 물은 이 필터를 통해 순화되어 화장실 등에서 사용한 뒤, 다시 정화 과정을 거쳐 바다로 나가서 수질 오염이 없도록 했습니다.

미래를 위해 그리는 정원

이 정원에 100만 그루가 넘는 식물들이 바깥 정원과 온실에 가득합니다. 지금도 더 많이 심어지고 있는 중이고요. 이 식물들이 고층건물로 가득 찬 싱가포르 전체에 산소 공급을 하는 건 충분히 짐작이 갑니다.

결론적으로 가든스 바이 더 베이는 단순히 식물로 채워진 정원의 공간이 아니라, 도시라는 인공적인 환경을 좀 더 쾌적하고 건강하게 만들기 위해 처음부터 치밀한 계획하에 미래를 대비하는 모델로 설계된, 바로 미래의 정원입니다. 싱가포르 정부는 이 가든스 바이 더 베이와 같은 정원을 앞으로도 두 개 이상 더 만들 계획이라고 합니다.

우리가 살아가게 될 미래의 도시는 어떤 모습일까요? 지구의 지형 대부분은 인류에 의해 바뀌고, 환경 역시 심각하게 변형되고 있습니다. 그 부작용으로 우리는 기후의 변화와 온난화 현상이라는 참담한 미래로 향하고 있는 중이기도 하고요.

이 싱가포르의 해변도 원래는 수많은 조개와 해안동물, 식물로 가득했던 기억이 있겠죠. 그러나 지금은 다가올지도 모르는 재앙을 준비하는 기억을 남기고 있습니다. 모든 대지는 그 기억을 고스란히 지니고 있죠. 대지 위에 우리가 쓰는 많은 일들이 지금의 우리뿐 아니라 미래의 우리를 위한 것으로 잘 쓰여져 아름다운 기억을 후세에게도 남겨줘야 하지 않을까요. 싱가포르 가든스 바이 더 베이는 그런 생각을 더욱 깊어지게 하는 정원이기도 합니다.

"호주 원주민들의 삶으로 돌아가자.
식민시대 여성 지도자였던 원주민 바랑가루를 기리는 장소.
도시재생이 결국 원래 땅의 기억으로 돌아가는 것임을 증명한 곳."

200년 전 바랑가루의 기억, 지금의 호주의 기억

· 시드니, 바랑가루 ·

원주민의 기억, 바랑가루

"때때로 나는 해가 질 무렵,

큰 나무 꼭대기로 올라가 놀았다.

그곳에서는 오로지 나 혼자만의 세상이 있었다.

바다는 하늘로 이어지고,

땅은 해가 지는 곳으로 이어졌다.

나의 할머니가 말하셨다.

'우린 이곳과 항상 함께할 거야.'

나는 물었다.

'얼마나요? 언제까지요?'

할머니는 대답하셨다.

'영원히, 언제까지나.'

작가이자 역사학자이기도 한 나디아 웨트리(Nadia Wheatley, 1949-)가 쓴 동화 『마이 플레이스(My Place)』의 마지막 장입니다.

이 작품은 1988년에 호주 역사 200주년을 기념해 의뢰된 책이었지만, 웨트리는 단순히 역사를 전달하는 방식이 아니라 아주 독특한 구성으로 이야기를 써내려갑니다. 1988년으로부터 10년 단위로, 같은 장소에 살았던 각기 다른 어린이들의 이야기를 들려주는 방식이었죠. 그래서 이 200년 이야기 속에는 총 21명의 어린이 캐릭터가 등장합니다. 그중 가장 마지막이지만 가장 처음이기도 한, 1788년의 캐릭터가 바로 '바랑가루(Barangaroo)'라는 여자아이죠.

그런데 이 바랑가루는 실은 작가가 만들어낸 가상의 인물이 아니고, 실존했던 호주 원주민 여성이기도 합니다. 이 동화에 등장하는 '마이 플레이스'도 실존 인물 바랑가루가 살았던 곳이고요. 2003년 호주 정부는 이곳에 재생 사업을 시작하면서, 지명과 프로젝트 이름을 이 호주 원주민 여성을 이름을 가져와 '바랑가루'라고 붙이게 됩니다.

그렇다면 바랑가루는 어떤 인물이었을까요? 사실 1700년대 바랑가루의 활약이 대단했습니다. 그보다 전에 바랑가루의 남편 이야기를 먼저 해야 할 것 같습니다. 지금도 시드니에는 바랑가루의 남편 베네롱Bennelong의 이름을 딴 거리와 레스토랑, 상점을 종종 만나게 되는데요. 이 베네롱은 영국인들이 군대를 끌고 와 호주를 점령했을 때 무척 유화적이었어요. 그들을 도왔고, 훗날에는 유럽식 옷차림으로 살았으며, 영국으로 여행을 떠나 당시 조지 왕을 만나기도 했죠.

하지만 그의 아내였던 바랑가루는 매우 달랐습니다. 어부이자 타고난 사냥꾼인 그녀는 참치와 고래 사냥에 능했고, 부족의 실질적인 리더였는데요. 그녀는 영국인들이 자신의 해안가를 점령하고, 자신이 잡은 물고기를 빼앗아가는 행위에 분노했죠. 이를 항의하기 위해 당시 영국인들이 세운 의회에 참석해 발언한 사건은 매우 유명한데요.

그녀는 원주민들이 사냥을 나갈 때 하는 복장인 동물의 뼈로 몸을 장식을 하고, 얼굴엔 흰 찰흙으로 분장을 한 뒤 의사회에 나타났죠. 깜짝 놀라 의사회 사람들이 "옷을 입고 오라"라고 하자, 바랑가루는 큰 소리로 외칩니다. "너희는 너희의 옷을 입어라. 우린 이게 우리의 옷이다!"

그녀는 끝내 영어를 배우지 않고 원주민어를 고집했을 정도로 고유문화에 대한 자부심이 대단했다고 합니다. 그리고 이를 훼손하거나 폄하하는 영국인들과 식민 점령 옹호자들에게 강력하게 반발했고요.

~~~~~~~~~~~~~

바랑가루로 돌아가자, 바랑가루 프로젝트

"바랑가루로 돌아가자!"

앞서 소개한 동화작가 웨틀리는, 자신의 책 『마이 플레이스』를 설명하면서, 이야기의 전개를 한마디로 표현하면 바로 1700년대 바랑가루가 살았던 시대를 찾기 위한 여정이었다고 말합니다. 그런데 이것이 정말로 현실화되는 일이 일어나죠.

그로부터 15년 후 발표된 시드니 남서쪽 도시 재생 사업의 슬로건이 바로 '바랑가루로 돌아가자'였거든요. 바랑가루의 기억이 점점 사라진 이곳은 21세기에 이르러 거대한 항구 도시로 발전하면서 인공 지반의 항만 시설이 지어지게 됩니다. 하지만 이것도 시간의 흐름에 쓸모가 다하면서 이곳을 재생하자는 움직임이 생기게 되는데 그게 바로 '바랑가루' 프로젝트였던 것이죠.

당시 호주 정부는 국제적인 디자인 공모를 실시합니다. 워낙 넓은 곳인 데다 예산이 컸던 탓에 전 세계에서 출품된 작품 수가 무려 137개나 됐고, 이 중 엄청난 경쟁을 뚫고 선정된 작품은 훗날
~~~~~~~~~~~~~

9·11 테러로 사라진 뉴욕 세계무역 센터 자리에 '기념 공원'을 디자인한, 피터 워커Peter Walker가 세운 디자인 회사, PWP Landscape였거든요.

당선된 이 계획안은 화물선 선착장과 비행장으로 사용하기 위해 해안선에 덧대어진 콘크리트 지반을 없애고, 1700년대 원래의 해안선을 복원하여, 시민의 공원으로 돌려준다는 것이었습니다. 바랑가루 도시계획은 남쪽으로는 상업, 주거 지구를 만들고, 그 위에 대규모 바닷가 공원을 만드는 것이었는데요. 2004년 시작된 공사는 처음에는 매우 순조로웠죠.

~~~~~~~~~~~~~~

재생 프로젝트, 원점에서 경관을 다시 생각하다

그런데 공사 중 변수가 생깁니다. 남쪽 상업지구에 들어설 예정인 75층 건물인 '크라운 호텔' 부지가 방파제로 쓰이던 곳에 위치했던 건데요. 만약 그 계획안대로 여기에 75층 건물을 세우게 된다면 호텔 자체는 바다에 떠 있는 더할 나위 없는 경관을 확보할 수 있지만, 호텔을 제외한 모든 지역에서는 바다의 경관을 볼 수가 없게 되는 셈이었거든요.

시민단체와 언론의 반발이 이어졌고, 이로 인해 바랑가루 사업은 중단된 채로 재검토에 들어갑니다. 논의는 생각보다 오래 걸
~~~~~~~~~~~~~~

릴수밖에 없었는데 그건 바랑가루 도시 재생 프로젝트의 가장 큰 후원자가 바로 크라운 호텔이었기 때문이었죠. 하지만 결국 크라운 호텔의 양보로 수년 동안 중단되었던 바랑가루 프로젝트는 호텔의 자리가 시드니의 오페라 하우스를 가리지 않는 해안선 안쪽으로 바뀌며 일단락됩니다.

바로 이때를 기점으로, 바랑가루 프로젝트는 아주 중요한 전환을 맞게 되죠. 그건 바로 시민의 목소리가 커지고, 시민이 직접 계획에 참여할 수 있는 장이 열리는 계기가 된 겁니다. 사실 바랑가루는 세 개의 만이 만나고 있는 지점이어서, 이곳에선 매년 첫해의 시작을 알릴 때 대형 불꽃쇼가 열렸고, 또 광장이 필요한 시민들에겐 일종의 거대한 모임 장소였거든요.

2011년부터 시드니 시민단체는 바랑가루를 시민에게 돌려달라는 목소리를 높였고, 또 자발적으로 이곳에서 다양한 대중 공연을 펼칩니다. 그중에 가장 대표적인 공연이 바랑가루 시대의 원주민 문화를 알려주는 공연이었는데요. 결국 호주 정부는 원안을 바꿔 호주 원주민 문화를 알리고 나눌 수 있는 시민광장으로 이 공간을 변모시키게 됩니다.

이렇게 다시 입안된 계획에서는 바랑가루를 세 개의 영역으로 나누고 남쪽은 원안대로 상업, 주거 밀집 지역으로 여기에 호텔, 쇼핑타운이 자리를 잡고, 가운데에는 시민을 위한 오픈된 극장 '바랑가루 오픈 극장'이 되죠. 그리고 가장 위쪽엔 항만시설을 없애고 호주 자생의 수목원 공원이 생기게 됩니다.

가장 넓은 프리신트(보도전용거리)의 탄생

이제 좀 더 바랑가루 안으로 깊숙이 들어가보면요. 2020년 집계를 보면 이 바랑가루 일대는 세계에서 가장 넓은 영역의 프리신트precint가 되었습니다. 해안 길을 포함해 수 킬로미터로 연결된 이 프리신트가 시드니 시민들에게 아주 큰 역할을 하고 있는데요. 프리신트란 일종의 건축 및 도시계획에서 쓰이는 용어로 긴급 차량 외에는 차량 진입이 안 되는 도로 혹은 광장을 말하죠. 즉 차량 진입이 안 되기 때문에 걷거나 동력 없는 자전거 정도로만 이동이 가능합니다.

이 프리신트는 도시 중심부에서는 정말 중요한 기능을 하는데요. 기존의 도시들은 사람이 북적이는 상업공간일수록 차량도 많아져서, 안전의 문제 외에도 소음, 공해 등으로 인해 도시 생활 만족도가 현격히 떨어질 수밖에 없거든요. 이 문제를 해결하기 위해선 시내로 들어오는 길을 막고, 주차를 시내 외곽에 한 뒤, 셔틀버스를 이용하거나 혹은 걸어서 들어오게 하는 거죠. 대신 시내 중심부는 안전하게 걸을 수 있는 거리를 만들어서 그 이용도를 높이고요.

이미 많은 연구와 논문을 통해 이 프리신트가 많을수록, 잘 구성돼 있을수록 그곳에 사는 도시인들의 삶이 건강해지고, 도시 자체의 아름다움이 유지된다는 것이 증명되었죠. 현재 유럽의 오래된 도시들이 바로 시내 중심부를 이 차량 통행이 불가능한 프리신트로 바꾸는 것도 이 때문이고요.

~~~~~~~~~~~~~~

환경을 지키는 도시

두 번째로 바랑가루에서 놓치지 말아야 할 부분은 바로 환경을 지키기 위한 노력인데요. 바랑가루의 가장 독특한 랜드마크는 해안가에 놓인 거대한 '시드니 샌드스톤'일 텐데요. 정확하게 사각형으로 조형된 이 돌들이 마치 테트리스 게임처럼 크기와 높이가 다르게 놓여 있습니다. 그런데 이 돌은 먼 거리에서 가져온 게 아니라 바로 인근의 자생 사암을 잘라온 것으로 예술적 감각이 뛰어나죠. 하지만 이 아름다움 속에 기능적인 부분도 숨겨져 있는데요. 이 사암 조각들이 인공적으로 만든 콘크리트 블록[트라이포드]이나 시멘트 항만 시설을 대신해 해안선을 지키는 역할을 하는 거죠.

더불어 이 바랑가루는 기존의 항만 시멘트 구조물을 깨는 과정에서 나온 폐기물의 양이 어마어마했습니다. 하지만 이걸 폐기물로 버리지 않고, 다시 으깨서 건물을 짓는 데 사용합니다. 바로 환경적으로는 쓰레기 제로를 실행한 것이죠.
~~~~~~~~~~~~~~

현대의 호주, 바랑가루를 다시 만나다

재생된 바랑가루에서 또 하나 잊지 말아야 할 것 중에 하나가 바로 해안가 뒤로 늘어선 시드니 자생식물 7만 5천여 종이 심어진 언덕일 텐데요. '바랑가루 보타니'라고 불리는 이곳은 원예가, 스튜어트 피텐드리히Stuart Pittendrigh가 시드니 자생식물을 찾아내 식재를 디자인하게 됩니다. 스튜어트는 자료를 수집하는 과정에서 1788년 처음으로 이곳에 외지인이 도착해 쓴 식물헌팅 기록을 이용했고, 이를 통해 84종의 식물을 선정하죠. 이 84종 중에서 다섯 종만이 자생종이 아닌데 이것도 시드니에 정착한 식물이기 때문에 전체 지역은 시드니 자생종의 식물원이라고 볼 수 있습니다.

지금의 바랑가루는 원주민만이 살았던 시절엔 어떤 이름으로 불렸는지 잘 알려져 있지 않습니다. 다만 1788년 기록엔 점령자들에게 '코클'이라는 조개가 가득했던 해변이란 뜻의 코클 베이 포인트Cockle Bay Point로 불렸고, 이후에는 이곳을 점령한 랠프 달링 장군Lieutenant Ralph Darling의 이름을 따 '달링 하버'로 불리죠. 곡식을 정재하는 곳간이 많아 '밀러스 포인트Millers Point'로도 불렸지만 지금은 다시 200년 전 이곳에서 살았던 원주민의 리더 이름 '바랑가루'가 되었고요.

이곳, 중앙 극장에서는 물고기, 조개를 잡던 어부 원주민의 문화를 기억하기 위해 공연이 열리고 있고, 2011년부터 국제적 행사로 자리잡은 원주민들의 고유 축제인 '스모크 축제'가 세계적으로 유명합니다.

어떤 지역을 무엇으로 부르는지, 한 장소의 이름은 그때 그곳에서 사는 사람들에게 그 땅의 의미가 무엇이었는지를 말해주는 중요한 키워드이기도 합니다. 지금의 호주를 생각하면, 바랑가루의 바람처럼 부족의 문화가 온전히 지켜졌다고는 볼 수 없죠. 하지만 200여 년의 시간이 흐른 뒤, 그녀가 살았던 터전이 다시 그녀의 이름으로 불리고, 지금의 사람들이 그녀를 이렇게 기억하게 된 것은 분명 이 땅의 기억이 만들어낸 일이기도 할 겁니다.

그런 의미에서 작가 웨트리의 동화 마지막 구절이 다시 한 번 생각나네요.

"우린 항상 이곳과 함께할 거야."

"영원히, 언제까지나……"

“누구에게나 허락된 정원. 공적 정원의 탄생을 알린 곳.
진정한 민주주의의 상징은 바로 공원이라고 말하기도 한다.
현대 도시 속의 상징이 된 공원의 그 시작을 알 수 있는 곳.”

모두가 정원의 주인이 되다,
민주주의 공원의 기억

· 맨해튼, 센트럴 파크 ·

공원, 민주주의의 이상을 담다

1850년, 미국인 농부 프레더릭 로 옴스테드Frederic Law Olmsted, 1822~1903는 남동생과 함께 영국 땅을 밟습니다. 여행을 좋아했던 옴스테드는 걸어서 영국 곳곳을 견학하던 중, 북쪽 도시 리버풀의 한 장소에서 엄청난 충격을 받죠.

> "누구에게나 오픈된 공간,
> 신분의 차별 없이 모두 함께 즐길 수 있는 공간."

그는 이곳이야말로 '민주주의의 장소'이라고 생각하죠. 바로 '버컨헤드 공원Birkenhead Park'으로, 당시 영국 정부의 예산으로 누구나 이용할 수 있는 공공정원, 오늘날 '공원'의 개념을 만든 첫 번째 사례였습니다.

충격을 받은 옴스테드는 웨이페어Wayfarer라는 필명으로 당시 《원예가The Horticulturist》라는 잡지에 '영국 리버풀 인근 버컨헤드 공원에 대한 분석'이라는 글을 발표합니다. 그리고 이 견학과 공부는 훗날 전 세계 공원 디자인의 교과서가 된 뉴욕 센트럴 파크에 고스란히 반영됩니다.

공원 도시의 오염을 순화시키다

센트럴 파크는 평생 이곳을 이용해온 사람도 들어서면 길을 잃을 정도입니다. 면적이 크기 때문만이 아니라 공원 전체가 마치 자연적으로 생겨난 풍경처럼 무수한 길과 길로 연결되어 있기 때문인데요.

하지만 위성지도에서 이 센트럴 파크를 보면 뉴욕 맨해튼의 격자 틀 속에 중앙에 완전히 반듯한 직사각형 공원이 자리하고 있어, 이곳의 이름이 왜 '센트럴 파크'인지를 쉽게 이해하게 됩니다.

이 반듯한 공원의 탄생은 1811년으로 거슬러 갑니다. 당시 '맨해튼 도시계획령Commissioners plan of 1811'에 의해 뉴욕 땅은 지금의 그리드 패턴이 되고, 숨 가쁘게 인구가 늘어갑니다. 결국 이 급격한 도시화 탓에 40년 만에 맨해튼은 공기 오염은 물론 생활의 질이 급격히 떨어지는 사회적 문제를 겪게 되죠. 이걸 해결하기 위해 뉴욕 정부는 도시 내에 대규모의 초록 공간을 만들자는 결론을 냈고, 그 중 낮은 늪지대였던 가로 8킬로미터, 세로 0.8킬로미터의 면적을 사들입니다. 이것이 가로 축으로는 5번가에서 8번가까지, 세로 축으로는 59번가에서 106번가까지의 구역이었죠.

뉴욕 정부는 1857년 말 이곳을 공원으로 변모시킬 디자인 공모전을 실시하고, 1858년 4월 당선작을 발표합니다. 이때 당선작이 '그린스워드Greensward', 번역하자면 '잔디밭'으로, 프레더릭 로 옴스테드와 영국 출신의 건축가 칼버트 복스Carlvert Vaux, 1824-1895의 작품이었습니다.

영국식 풍경 정원을 빌려오다

"공원은 들판, 초원, 목장, 자연 호수의
아름다움을 간직해야 한다.
이 요소들이 우리의 정신과 마음을
고요하게 휴식할 수 있도록 만든다."

이 말은 센트럴 파크가 개방되고 나서 옴스테드가 도시공원의 디자인 개념을 설명한 말입니다. 이 '시골 풍경'의 연출법은 이후 세계 모든 도시의 공원 디자인에 큰 영향을 끼치죠. 물론 이 디자인 철학 자체가 그의 독창적인 생각은 아니었어요. 당시 옴스테드보다 더 유명했던 조경 건축가, 앤드루 다우닝Andrew Downing, 1815-1852의 생각이었는데요.

다우닝은 백악관의 정원을 건축가 복스와 함께 디자인했을 뿐 아니라, 당시 대통령 밀러드 필모어Millard Fillmore의 지지로 워싱턴 D.C의 상징과도 같은 공원, '내셔널 몰National Mall' 주변을 네 개의 큰 공원으로 다시 구성하는 계획을 수립하기도 했습니다. 그는 또 앞서 언급한 잡지 《원예가》의 발행인으로, 책과 기사를 통해서 '공원 디자인은 반드시 자연의 경관을 반영해야 한다.'는 주장을 펼쳤고요.

"공원은 자연 속 풍경 정원을 통해
살아 있는 수목들의 공공 미술관이 되어야 한다."

이것이 다우닝의 공원에 대한 철학이었습니다. 하지만 다우닝은 안타깝게도 서른여섯 살의 나이로 허드슨 강 여객선 사고로 숨지죠. 어쩌면 다우닝이 좀 더 오래 살았다면, 지금의 센트럴 파크의 영광이 어쩌면 그에게 갔을지도 모를 일이죠.

어쨌든 33팀의 응모작 중에 옴스테드와 복스의 디자인이 당선된 이유는 특별했습니다. 공원을 가로지르는 횡단 길을 지하도로 만들어 길로 공원이 단절되지 않도록 했고, 또 공원 전체를 도시 지면보다 낮게 만들어 공원 안에서는 시끄러운 경관이 들어오지 못하게 했습니다. 더불어 원래의 지형 그대로, 늪이 있던 자리엔 호수를, 언덕과 거대 바위들을 되도록 그 자리에 위치시켜 자연의 풍경을 최대한 연출합니다. 센트럴 파크 하면 사실 각양각색의 다리 디자인으로 유명한데, 무려 서른여덟 개의 다리가 생겨난 이유도 이 때문입니다.

도시 공원의 교과서가 되다

공원에 들어서면 생각과는 달리 이 안을 지나다니는 많은 차량에 깜짝 놀랄 수도 있을 것 같습니다. 공원이 커서 훗날 차량이 다닐 수 있는 도로가 생겼나 생각할 수도 있지만, 이건 처음부터 옴스테드의 디자인에 등장합니다.

옴스테드는 공원 내의 길을 세 가지 범위로 나누었습니다. 하나는 네 바퀴 마차가 다닐 수 있는 길인 '드라이브Drive'이고, 다른 하나는 두 바퀴가 다닐 수 있는 길입니다. 이때는 말을 탔기 때문에 '말을 타고 다니는 길'이라는 뜻으로 '라이드Ride'라는 이름을 붙였죠. 그리고 마지막으로 사람들이 걸어 다니는 길, 산책로를 뜻하는 '워크[Walk]'라는 길이었습니다.

이는 공원 내의 길들을 다니는 속도에 따라서 구별한 건데요. 이유는 공원을 남녀노소 누구나 편하게 이용할 수 있게 하려는 것이었고, 다칠 수 있는 위험을 없애기 위해서였습니다. 지금은 마차가 다니던 길이 '자동차길'로, 말을 타고 다니던 길은 '자전거길'로 변했죠. 그리고 이 방식은 지금도 도시 공원 디자인에 있어 동선을 만드는 표본처럼 쓰이고 있습니다.

1858년 4월, 옴스테드와 복스는 작품이 당선된 후 센트럴 파크와 함께 숨 가쁜 나날을 보냅니다. 센트럴 파크는 시공 작업이 얼마나 빨랐던지, 같은 해 11월에 공원의 첫 공간이 대중에게 공개되었는데요. 지금도 스케이트장으로 활용되고 있는 이 구역에서 수천 명의 맨해튼 시민들이 참석해서 축제를 즐겼죠.

하지만 이렇게 시작된 센트럴 파크는 전체 면적을 조성하는 데까지 약 15년의 세월이 걸립니다. 그리고 성공가도를 달리는 듯 보였던 옴스테드는 이 기간 동안 엄청난 시련을 겪게 됩니다. 공원의 땅이 늪지였던 탓에 식물이 자랄 수 없는 땅이라는 걸 시공 중 알게 된 건데요. 이로 인해 2,000여 명의 인부들이 등짐으로 흙을 퍼날라 부어야 했습니다. 수도 없이 나타나는 암반과 바위도 큰 걸림돌이었죠. 옴스테드는 센트럴 파크의 총괄 책임자로서 무수히 도면을 수정하고 현장을 파악하며 그에 맞게 공원을 만들어갔습니다.

그러나 이 과정에서 재정 압박도 극심해집니다. 500만 달러였던 공원 조성 비용이 결국 1400만 달러까지 상승했으니까요. 물론 여기에 대한 책임에서 옴스테드와 복스가 자유로울 수 없었죠. 그래서 옴스테드는 센트럴 파크의 완성을 보지 못한 채, 총괄 책임자 자리에서 물러나 한동안 워싱턴 D.C와 캘리포니아에서 국립공원 시공을 감독하며 지내기도 했습니다. 하지만 우여곡절 끝에 그는 다시 센트럴 파크로 돌아왔고, 미완성이었던 북쪽 구역을 완성하며 길고 긴 장정을 끝내죠.

함께 지켜야 할 공원의 미래

그런데 센트럴 파크의 더 큰 문제는 완공 이후였습니다. 1900년대 초부터 공원은 망가지기 시작했습니다. 바로 관리 문제 때문이었는데요. 지면보다 낮게 만들어진 탓에 비가 오면 물에 잠겨 식물들이 죽었고, 이로 인해 흙이 유실되고 산책길과 물길이 막혔습니다. 게다가 원래 당선작 이름인 '그린스워드'처럼 거대한 잔디밭이 가득한 공원을 지금처럼 전동 기계도 없던 시절 깎고 관리한다는 것이 보통 문제가 아니었습니다.

게다가 안타깝게도 훼손된 공원은 점점 우범지역으로 변화되면서 시민들에게 공포의 대상이 되어갔습니다. 이 문제를 해결하기 위해 1934년 뉴욕 정부는 대대적인 공원 복원 작업을 총괄 책임자 로버트 모스Robert Moses에게 일임하게 되는데요. 이때 모스는 사라진 나무를 다시 심고, 관리에 실패한 초원과 잔디밭에 열아홉 개의 레크리에이션 시설을 설치합니다. 어린이 놀이터, 테니스 코트, 볼링 필드 등이 들어선 게 바로 이때죠.

하지만 1960년 모스가 사퇴한 뒤, 센트럴 파크는 또다시 급격하게 훼손됩니다. 점점 골칫덩어리가 되어가는 센트럴 파크를 바라보는 시민들은 정말 답답했고요. 그러다 1979년 시민에 의해 새로운 상황을 맞는데요. 자원봉사 단체가 '센트럴 파크 살리기' 자선모금 운동을 벌인 겁니다. 결국 최종적으로 뉴욕시는 1980년, 이 자원봉사 단체에게 센트럴 파크의 운영과 관리를 일임하는데요. 그 이름이 '센트럴 파크 관리위Central Park Conservancy'입니다. 지금도 센트럴 파크의 홈페이지에 들어가면 가장 먼저 뜨는 창이 자원봉사자 지원 신청인데요. 어쩌면 시민을 위해 만든 공원이 진정 시민의 손으로 건너갔다고 볼 수도 있겠죠.

세상의 모든 가치 있는 일은 그걸 지키려는 노력이 사라지면 정말 눈 깜짝할 사이에 우리 곁을 떠나는 듯합니다. 공원을 지켜나가는 숙제는 센트럴 파크에만 있는 것이 아니죠. 우리의 공원을 걸을 때도, 우리에게 남겨진 이 아름다운 숙제에 대해 한 번쯤 생각해보는 시간을 가져보면 어떨까 싶습니다.

정원의 기억

1판 1쇄 펴냄 2022년 12월 26일
1판 2쇄 펴냄 2023년 11월 15일

글 · 그림 오경아

주간 김현숙 | **편집** 김주희, 이나연
디자인 이현정, 전미혜
영업 · 제작 백국현 | **관리** 오유나

펴낸곳 궁리출판 | **펴낸이** 이갑수

등록 1999년 3월 29일 제300-2004-162호
주소 10881 경기도 파주시 회동길 325-12
전화 031-955-9818 | **팩스** 031-955-9848
홈페이지 www.kungree.com
전자우편 kungree@kungree.com
페이스북 /kungreepress | **트위터** @kungreepress
인스타그램 /kungree_press

ISBN 978-89-5820-806-8 03520